TOP 10 ERNÄHRUNG

So wird deine tägliche Nahrung zu deinem Gesundbrunnen

Arnold H. Lanz, CH-1700 Fribourg

Druck und Distribution im Auftrag des Autors:
tredition GmbH, Heinz-Beusen-Stieg 5, 22926 Ahrensburg, Germany

ISBN
Paperback   978-3-7469-6587-1
Hardcover   978-3-7469-6588-8
e-Book   978-3-7469-6589-5

Covergrafik von: Fotolia

Inhaltsverzeichnis

Vorwort

Trotz bester medizinischer Versorgung gibt es eine ganze Reihe von Krankheiten, deren Verlauf man medizinisch abschwächen oder hinauszögern, aber nicht aufhalten und schon gar nicht heilen kann. Zu diesen Krankheiten gehören beispielsweise Rheuma, Fibromyalgie, Arthritis, Arthrose, Diabetes, Herzinfarkt, Bluthochdruck, Thrombose, Migräne, Heuschnupfen, Tinnitus, Krebs und etliche mehr.

Solche Krankheiten werden als Schicksal empfunden. Schmerzmittel werden eingesetzt, um die höllischen Schmerzen erträglich zu machen. Eine der wichtigsten Ursachen hinter diesen Krankheiten ist falsche Ernährung. Wenn du deine Ernährung umstellst, schaffst du deinem Immunsystem die Voraussetzung gegen diese Krankheiten anzukämpfen. Deine Selbstheilungskräfte können sich entfalten und du wirst ein wahres Wunder erleben.

Ich zeige dir hier die Nahrung, die dein Immunsystem und deine Selbstheilungskraft so stärkt, dass es Krankheiten überwinden kann. Wirklich überwinden und nicht bloss hinauszögern.

> Krankheiten mögen viele Väter haben,
> aber alle Krankheiten haben immer nur eine Mutter:
> Individuell falsche Ernährung.

Wenn du Nahrung zu dir nimmst, die du nicht verdauen, nicht optimal nutzen kannst, darfst du dich über Krankheiten nicht wundern.

Ernährungsregel Nr. 1: Iss bewusst!

Essen ist eine Kunst, die es zu erlernen gilt.

Die Essgewohnheiten der Menschen sind so vielfältig wie die Menschen selbst – doch leider nimmt dein Verdauungstrakt auf deine Eigenheiten und deine Essgewohnheiten keine Rücksicht. Dein Organismus verdaut so, wie er es schon immer getan hat. Er ändert sich nicht, nur weil du vielleicht eine ganz bestimmte Essgewohnheit pflegt.
Nicht der Genuss ist für deine Organe das Wichtigste, sondern das Überleben. Oder anders gesagt, er möchte aus der Art, der Menge und der Qualität, die du isst, möglichst viel Energie ziehen können.

In zivilisierten Ländern herrscht Nahrungsmittel-Überfluss, was dazu geführt hat, dass sich die Nahrungsmittel-Anbieter einen erbitterten Preiskampf liefern. Viele Konsumenten sind dem ausgeliefert und sie kaufen einfach das, was gerade im Angebot oder Aktion oder doch zumindest billig ist.
Kaum jemand achtet auf Qualität im Sinne von vitamin- und energiereich.
Aussehen, ja super piekfein aussehen muss es schon, aber der Inhalt, die Substanz, die Qualität, die ist vielen Käufern ziemlich egal. Und jene, denen es nicht egal ist, die haben grosse Probleme die Qualität zu prüfen. Einem Apfel sieht man leider nicht an, ob er Vitamin C hat. Deinem Verdauungssystem ist das aber ganz und gar nicht egal, denn ohne Vitamin C wirst du krank, über kurz oder lang.

Mach dir bewusst: Nahrungsmittel einkaufen in unserer Überflussgesellschaft ist gar nicht so einfach. Die vielfältigen Verlockungen in Form von Fertigprodukten sind verführerisch, zumal die Hersteller dafür auch viel Werbung machen. Hand aufs Herz: Nimmst du dir wirklich

Zeit Salat, Gemüse, Früchte frisch zu kaufen, zu waschen, zu schälen, zu kochen? Oder greifst du zu abgepacktem und gewaschenem Salat, Fertiggerichten, Instant-Mais, Tiefkühlpizza, Canneloni, Ravioli?

Grund-Nahrungsmittel, Ur-Produkte heissen die Zauberwörter, nach denen du dich richten solltest. Meide alles, was „angereichert", „veredelt", „raffiniert" ist. Meide Light-Produkte, meide UHT, meide „aromatisiert", „vitaminisiert". Bleibe so einfach, bodenständig und naturnah als irgend möglich.

Du möchtest konkrete Beispiele? Bitte sehr:

- Kaufe frische Kartoffeln (beim Bio-Bauern) und nicht Stocki/Kartoffelbreipulver.
- Kaufe Spinat (ggf. auch tiefgefroren), aber nicht vorgefertigten Rahmspinat.
- Kaufe frische Äpfel, nicht Apfelmus, Apfelstrudel, Apfeltorte, Apfeldrops, Apfel-Eis.
- Kaufe gewöhnliches Meersalz, nicht jodiertes oder sonst wie angereichertes Salz
- Kaufe ein Kotelett und keine Würste.

> Bitte kaufe möglichst nichts,
> was abgepackt, veredelt, raffiniert, vitaminisiert,
> angereichert, aromatisiert, light, Zero usw. ist.

Light hat eine eigene Geschichte. Als die Getränke-Hersteller in zunehmende Kritik wegen dem Zuckergehalt gerieten, kreierten sie „light" Produkte: Getränke mit synthetisch hergestelltem Zucker. Für das menschliche Verdauungssystem war das eine eindeutige Verschlimmbesserung. Die Diabetes-Rate sank nicht und der Prozentsatz der Fettleibigen stieg an. Die Getränke Hersteller reagierten erneut: Die Produkte heissen jetzt nicht mehr „light" sondern „zero". Verdauen kann unser Magen-Darm-Trakt sie nach wie vor nicht. [1]

Essen und Essenszeiten

Das alte Sprichwort, „am Morgen wie ein König, am Mittag wie ein Fürst und am Abend wie ein Bettler" ist nach wie vor sinnvoll. Wenn dein Tagesbedarf bei 1500 Kalorien liegt, dann iss möglichst 600 bis 700 Kalorien zum Frühstück, etwa 500 - 600 am Mittag und abends etwa 300 Kalorien.

Gewöhne dir an, so regelmässig als möglich zu essen. Das Frühstück ist eine wichtige Mahlzeit, die solltest du nicht auslassen — selbst, wenn du dafür früher aufstehen musst: Das lohnt sich. Iss die letzte Mahlzeit so früh als möglich, im Idealfall vor 18.00 Uhr. Dein Verdauungssystem ist Licht gesteuert. Wenn es dunkel wird, hört es auf zu arbeiten und du möchtest doch ungestört, tief und fest schlafen können, nicht wahr?

Deine Verdauung ist ein Gewohnheitstier:
Iss täglich 3 Mahlzeiten;
so regelmässig als irgend möglich.

---

[1] Die individuell besten Nahrungsmittel kannst du mit Hilfe der Metabolic-Typing Methode austesten lassen. Lies dazu: <u>Ernährung/Verdauung - lanz-heilpraxis</u>

Es gibt etliche Ernährungsexperten, die mehr als 3 Mahlzeiten täglich empfehlen. Sie sagen, der Blutzuckerspiegel würde sonst zu tief sinken. Nun ja, wenn man nährwertlose, zuckerhaltige Dinge in sich hineinstopft, dann gibt das zwar ein heftiges Feuer, aber nach einer Stichflamme bricht das Ganze rasch in sich zusammen. Und dann hat man wieder Hunger. Iss bitte vollständige Mahlzeiten (siehe nächstes Kapitel), dann kommst du mit 3 Mahlzeiten pro Tag bestens über die Runden.

Dinner Cancelling, also nur 2 Mahlzeiten pro Tag, ist eine nächste, weit verbreitete Empfehlung. Wenn du bei der Hochzeitseinladung ein überaus üppiges Mittagessen hattest – ja dann kannst du dir das Abendessen sparen. In aller Regel funktioniert dein Körper aber viel, viel besser, wenn du alle 4 – 5 Stunden isst. Betrachte deinen Körper wie ein Auto: Du tankst/isst und dann fährst du 400 bis 500 km (4 – 5 Stunden). Dann tankst/isst du wieder. Wenn du zu tanken vergisst, bleibt dein Auto stehen, bzw. dein Organismus beginnt Reserven aufzulösen. Leider löst er dabei nicht Fettreserven auf. Fettzellen abbauen kostet Kraft und die hat er ja jetzt, mangels eines Essens, nicht. Also löst er Muskelzellen auf. Kein sinnvoller Vorgang, oder?

Mahlzeiten und Essens-Pausen

Bitte iss bei den drei Mahlzeiten herzhaft und mit Freude – und vergiss das Thema Essen danach für 4 bis 5 Stunden. Mit anderen Worten: Gib deinem Verdauungssystem Zeit zum Verdauen. Halte bitte Essenszeiten, aber auch Essenspausen ein. In den Essenspausen gibt es nichts: keinen Pausenapfel, keine Kleinigkeit zwischendurch, keinen Kaffee, Tee, keinen Kaugummi, keinen Energy-Riegel – einfach nichts ausser Wasser.

Wenn du Hunger hast in den Essenspausen, heisst das, dass die Mahlzeit, die du gegessen hast, nicht genügend sättigend war. Entweder war es Junk-Food oder du hast rein mengenmässig zu wenig gegessen. Versuche also, deine Hauptmalzeiten besser einzurichten.

Wenn es gar nicht anders geht, dann iss eine Zwischenmahlzeit, wobei auch diese Zwischenmahlzeit eine vollständige Mahlzeit sein sollte (siehe dazu nächstes Kapitel).

Frühstück		Mittag-Essen		Abend-Essen	
	Essens-pause		Essens-pause		Essens-pause

Essenspausen sind genauso wichtig wie regelmässige Mahlzeiten.

Sicher kennst du diese Situation: Du hast gerade den Geschirrspüler eingeräumt und die Maschine in Gang gesetzt, hast die Küche verlassen und etwas später siehst du ein gebrauchtes Glas, das verloren im Wohnzimmer steht. Was machst du? Du nimmst das Glas gehst in die Küche, öffnest den Geschirrspüler. Die Maschine unterbricht ihre Arbeit. Du stellst das Glas hinein, schliesst die Türe des Waschautomaten und der fährt in seinem Waschprogramm weiter als wäre nichts passiert.

Dein Verdauungsapparat funktioniert leider nicht so. Wird ein laufender Verdauungsprozess durch Essen unterbrochen, dann wird der laufende Verdauungsprozess abgebrochen und nie mehr zu Ende geführt.

Deine Verdauung konzentriert sich auf das neu zugeführte Essen, beginnt einen neuen Verdauungsvorgang mit Speicheldrüsen-Saft, Magensäure, Magenperistaltik usw. Den unterbrochenen Verdauungsvorgang, den verdauet er nie mehr korrekt zu Ende, deine Verdauung ist ja jetzt mit dem neuen Essen beschäftigt. Du hast nun teilweise verdaute Speisereste, die irgendwo zwischen Leber, Dünndarm und Dickdarm vor sich hingammeln und über kurz oder lang zu schimmeln beginnen. Bei einer konstanten Temperatur von 36 Grad bilden sich da rasch Fäulnis, Gase, Pilze, Bakterien, Viren.

Glaube mir, allein durch das Einhalten von Essenspausen kannst du vielen Krankheiten vorbeugen.

Kauen, Kauen, Kauen

Wie sieht dein Zeitplan aus? Heute mal wieder Zeitnot? Wo könntest du Zeit einsparen? Beim Essen? Ich hoffe sehr, das Essen ist bei dir tabu, d.h. es hat seine Wichtigkeit ungeachtet dessen, was du gerade zu tun hast. Ich hoffe sehr du schlingst nicht, sondern zu kaust. Wenn nicht, wirst du sehr viel Zeit in Ärzte-Wartezimmern und in Spitälern verbringen, früher oder später.

Darf ich dir von Dr. Fletcher erzählen? Dr. Fletcher in England heilte fast alle Krankheiten allein dadurch, dass er den Menschen zeigte, wie wichtig Einspeicheln und Kauen ist. Seine Patienten mussten seine Kurse besuchen und die Kurse bestanden nur darin, gemeinsam das Kauen zu lernen und einzuüben. Versuche es bitte einmal. Nimm einen Kanten Brot und den kaust du jetzt bitte so lange, bis du eine Süsse spürst. Nicht geschafft? Ja, ich weiss, den Schluckreiz zu überwinden bzw. aufzuhalten, ist gar nicht so einfach. Deshalb: Gleich nochmals üben bitte.

Nimm dir Zeit zum Essen. Decke den Tisch, zünde eine Kerze an. Geniesse. Kaue.

Essen im Stehen, vor dem Fernseher, in ungemütlicher oder geschäftlich angespannter Atmosphäre: Wie soll dein Magen-Darm da richtig arbeiten? Du wirst Blähung, Verstopfung, Winde oder gar Magengeschwüre ernten.

> Die Verdauung beginnt im Mund:
> Kaue genussvoll und ausgiebig.
> Dein Magen hat keine Mühlsteine,
> Kauen ist überlebenswichtig.

Verdauung

Nach dem Essen kommt die Verdauung. Abgesehen von gelegentlichen Rülpsern, Magen-Grummeln oder Winden geht die Verdauung in aller Regel völlig geräuschlos vor sich. Ich habe schon oft gedacht, es wäre gut, wenn unser Verdauungssystem Lärm machen würde, z.B. wie ein Automotor. So würden vielleicht etliche darüber erschrecken, wie fürchterlich hart und angestrengt das Verdauungssystem arbeiten muss, um das zu verarbeiten, was sie ihm durch Essen zugemutet haben.

Sicher gilt immer noch das alte Sprichwort: Nach dem Essen sollst du ruhen oder tausend Schritte tun. Wenn immer möglich: Bitte bewege dich. Verdauung ist nicht bloss ein chemischer Vorgang, die Stoffwechselorgane benötigen sehr viel Bewegung, um möglichst viel Energie aus dem zu gewinnen, was du geschluckt hast. Tiefen-Atmung, Wandern, Laufen, Joggen, passives Bewegen (Magen-Darm-Massagen) fördern die Peristaltik.

Ernährungsregel 1: Iss bewusst: Zusammenfassung

Ernährungsregel 1: Iss bewusst!

Wir alle haben mehr oder weniger festgefahrene Essensgewohnheiten – die für unseren Organismus nicht zwingend richtig und hilfreich sind.

Bitte beachte, dass dein Körper ein Gewohnheitstier ist: Iss, wenn immer möglich drei Mahlzeiten täglich, immer zur gleichen Zeit. Frühstück bitte üppig, Mittagessen normal, Abendessen sparsam – und bitte nicht zu spät.

Gib deinem Organismus Zeit zu Verdauen. Zwischen den Malzeiten gibt es nichts ausser Wasser.

Ernährungsregel 1: Iss bewusst: Arbeitsblatt

Thema	Meine Entscheidung / Mein Handeln
Hinterfrage deine Essensgewohnheiten	
Wie viele Mahlzeiten esse ich pro Tag?	
Wann? Wie regelmässig?	
Halte ich Essenspausen ein? Wie viele Std?	
Meine Getränke:	

Ernährungsregel Nr. 2: Iss nährwertreiche Mahlzeiten!

Halbwahrheiten

Es gibt wohl kaum ein anderes Fachgebiet, auf dem so viel Halbwahrheiten, Desinformationen und Lügen verbreitet werden, wie zum Thema Ernährung. Es gibt kaum ein anderes Gebiet, auf dem so unterschiedliche Interessen aufeinanderprallen wie beim Thema Ernährung. Denk nur z.B. an

- die humanitäre Forderung, dass jeder Mensch dieser Erde täglich genug zu essen haben soll
- länderspezifische protektionistische Massnahmen
- Agrarsubventionen, Agrarzölle
- die Gewinn-Maximierung der Nahrungsmittelindustrie
- die Gewinnerwartungen der Aktionäre
- der Preiskampf der Lebensmittelhändler
- die vielen, sich teilweise krass widersprechenden Ernährungsregeln
- die kaum definierten Fachbegriffe bzw. die sehr ungenaue Sprache im Bereich Ernährung

Ganz abgesehen davon, ist Ernährung ein wunderbares Je-Ka-Mi Spiel: Jeder von uns hat Erfahrungen, jeder von uns kann mitreden. Selbst, wenn der grösste Bockmist erzählt wird, jeder ist frei, seine eigene Meinung zu haben.

Warum all dieses Durcheinander?

Nun, ein Punkt wird in all diesen Lehren und Diskussionen nicht beachtet: die Verdauung.

Ganz gleichgültig, was auch immer du in deinen Mund steckst und auch völlig unabhängig davon, wie „gut", „gesund", „lecker" usw. es angepriesen wird, einerlei, wie viele Meinungen und Ratschläge zu einem Nahrungsmittel bestehen, sobald du es in deinen Mund steckst, muss dein System es verdauen. Deine Organe müssen sich damit auseinandersetzen. Und die können schlicht nur das nutzen, was sie auch individuell wirklich aufschliessen und verarbeiten können. Genau genommen sollte das ganze Fachgebiet nicht „Ernährungslehre", sondern „Verdauungslehre" heissen. Nicht Inhalt, Gehalt, Geschmack, Aussehen usw. eines Nahrungsmittels ist am Ende entscheidend, sondern einzig und allein die Tatsache, ob dein Organismus es verdauen kann oder nicht.[2]

> Ganz gleichgültig, wie „gut" ein Nahrungsmittel ist,
> deine Verdauung entscheidet darüber,
> ob es dir nützt oder dir schadet.

Energiegewinnung

Ganz grundsätzlich betrachtet essen wir, damit wir überleben. Anders gesagt: Nahrung soll uns Kraft und Energie geben.

Ja, wir können und dürfen Nahrung geniessen – nichts dagegen – aber das ist letztlich nicht der tiefere Sinn des Essens. Sinn der Ernährung ist Energie.

Unser Organismus sollte möglichst Kraft aus der Nahrung schöpfen können. Das ist nicht ganz so einfach, wie es tönt, vielmehr muss er ja zunächst auch Energie aufwenden, um an die Baustoffe, Vitamine, sekundären Pflanzenwirkstoffe, Mineralien, Wasser usw. heranzukommen. Der Magen, die Leber, Pankreas, Dünndarm, Dickdarm: Sie alle

---

[2] Individuell gut verdaubare Nahrungsmittel kannst du mit Metablic-Typing analysieren lassen.

müssen arbeiten. Unser Verdauungsapparat ist ein recht komplexes System, das bei jedem Essen in Gang gesetzt wird. All diese Tätigkeit kostet zunächst mal einen Einsatz: Energie. Ob der Organismus schlussendlich aus all diesen Verdauungsanstrengungen einen positiven Energieüberschuss erzielen kann, ist nicht sicher. Aber wir überleben – langfristig betrachtet – nur dann, wenn uns die Nahrung wirklich nährt. Wenn mehr Kraft übrigbleibt als aufgewendet werden musste. Wenn die Nahrung uns nur Verdauungsprobleme macht, werden wir krank.

Mit einem ganz falschen Sprichwort muss ich hier aufräumen: Vielleicht denkst auch du: «Nützt es nichts, so schadet es nicht.»
Das ist irgendwie völlig verdrehte Logik. Unser Organismus kann nicht sagen: Ok, dieser nährwertlose Ramsch bringt mir jetzt gerade nichts, aber es schadet mir auch nicht. So ist unser Organismus nicht aufgebaut. Speicheldrüsen, Magen, Leber usw. müssen sich zwingend mit allem auseinandersetzen, was du in den Mund steckst. Und das kostet Energie. Bei Junk-Food stellt der Körper fest: Das bringt mir nichts, ich kann es nicht verdauen. Jetzt hat er nicht nur einen Verdauungs-Energie-Verlust, nein, er muss den Schrott auch noch entsorgen. Negativer geht es kaum. Also bitte: Überlege dir, was du in deinen Mund steckst. Jedes einzelne Mal bitte.

Überlege dir gut, was du in deinen Mund steckst.

Verdaubarkeit

Du möchtest wissen, was denn verdaubar ist? Ok, das ist ganz einfach zu erklären. Wir können all das verdauen, was wir als Urmenschen – damals als Jäger und Sammler - auch schon verdauen konnten. Früchte, Beeren, Blätter, Wurzeln, Knollen, Insekten, Eier, Hasen, Fische, Reb-Hühner. Mit der Ausbreitung der Menschen in entlegene Gebiete, hat sich der Mensch zwangsläufig an das jeweilige Angebot angepasst: Eskimos lebten von Fisch, Süd-Inder primär von Früchten. Diese Anpassung war ein Prozess über hunderte, wenn nicht tausende Generationen und er erfolgte nach dem unbarmherzigen Naturgesetz: Nur jene Eskimos haben überlebt, denen Fisch als Nahrung genügte.

In gemässigten Zonen haben die Menschen also über Jahrtausende von Früchten, Knollen, Eiern usw. gelebt. Heute sind das: Früchte, Beeren, Gemüse, Heilpflanzen, Wildpflanzen, Fische, Eier, Hühnchen, Rind.

Und sonst gar nichts.

Nahrungsmittel Ur-Liste:
Früchte, Beeren, Gemüse, Wildpflanzen, Fische, Eier, Hühnchen, Rind, Wild.

Was fehlt in dieser Ur-Liste?

Ja, richtig, in unserer Zivilisation sind eine ganze Menge von sogenannten «Lebens-Mitteln» dazugekommen: Unter anderem Nudeln, Brot, Zucker, Reis, Mais, Milchprodukte, Tofu, Schokolade, Red Bull, Mineralwasser, Kaugummi, Chips, Olivenöl, Rapsöl, Margarine, Konfitüre, Frühstücksflocken und viele, viele mehr.

Nein, dein Verdauungssystem kann sich NICHT an die neue Nahrung anpassen. Ok, ja, gedanklich und mental und insbesondere in der Werbung klappt das. Aber dein Verdauungssystem ist immer noch auf Ur-Nahrung getrimmt. Ob du Kunstprodukte, Designer-Food usw. irgendwann wirklich nutzen kannst, bezweifle ich persönlich sehr, denn wir Menschen sind Teil der Natur und Kunst-Produkte sind es nicht.

Was höre ich? Die Eskimos haben sich auch angepasst. Ja, haben sie. Aber es war ein Prozess über tausende von Generationen und es war ein brutales Ausleseverfahren: Nur die Stärksten (also jene mit einem Ross-Magen) haben überlebt. Hast du richtig gelesen: tausende von Generationen. Wie lange kennen wir Red Bull, Cola, Kaugummi, Tofu? Red Bull kam 1984 auf den Markt, die anderen sind etwas länger bekannt, aber selbst Nudeln, Reis usw. gehen bei weitem nicht tausende von Genrationen zurück.

Eine vollständige Mahlzeit

Unser heutiges Nahrungsmittelangebot ist vielfältig und sehr genau erforscht. So wissen wir, dass Karotten besonders viel Vitamin A enthalten, Eier reich an sämtlichen essentiellen Aminosäuren sind und dass Kokosfett ein ausgewogenes Omega 3 zu 6 Verhältnis hat. Wir wissen, dass Früchte und Gemüse kaum Aminosäuren enthalten, Proteine dagegen wenige bis gar keine Vitamine. Daraus folgt logischerweise, dass wir Menschen immer eine Kombination aller uns zur Verfügung stehenden Nahrungsmittel-Gruppen essen sollten. Um es ganz deutlich zu sagen: Wir alle benötigen zwingend Eiweiss, Früchte-Gemüse und verdaubare Fette. Wenn wir die nicht in genügendem Ausmass essen, werden wir krank.

Wir tun gut daran täglich drei Mal je eine vollständige Mahlzeit zu essen. Eine gute, nährwertreiche Mahlzeit besteht immer aus einer Kombination von Früchten/Gemüse/Beeren plus Protein plus Fett.

Menschlich artgerechte Ur-Nahrung:

Früchte, Gemüse, Beeren
+
Protein (Eiweiss)
+
Gut verdaubares Fett

Der genaue Bedarf an Früchte-Gemüse, Protein, Fett ist von Mensch zu Mensch unterschiedlich. Wichtig ist aber zu wissen, dass kein Mensch von Früchten-Gemüse allein oder von Protein allein und schon gar nicht von stärkehaltigen Kohlenhydraten allein leben kann. Es gibt heute kaum mehr direkte und strikte Nachkommen von Eskimos. Auch nicht von indischen Gurus. Wir alle sind irgendwie zugewandert und vermischt. Wir alle benötigen zwingend eine Kombination aus Früchte-Gemüse, Protein, Fett. Stärkehaltige Kohlenhydrate dagegen benötigen wir nicht wirklich, deren energetische Ausbeute ist viel, viel zu gering, als dass sie einen wichtigen Beitrag an unseren Nahrungsmittelbedarf liefern könnten.

Der persönliche Bedarf der drei Nahrungsmittelkategorien ist individuell, aber die Unterschiede bewegen sich in einer überschaubaren Bandbreite:

Zusammensetzung einer artgerechten Mahlzeit: (Bedarf)

Kategorie	Bedarf Bandbreite
Kohlenhydrate: • Früchte, Gemüse, Beeren • Brot, Nudeln, Reis: stärkehaltige Kohlenhydrate	Total 40 – 60 % 30 – 60 % 10 – 20%
Proteine (Eiweiss)	35 – 45 %
Fette	10 – 25 %

Vegetarier und Veganer verzichten auf tierisches Eiweiss. Leider ist pflanzliches Eiweiss kein vollständiges Eiweiss. Kommt dazu, dass oft versucht wird, Proteine durch vermehrten Konsum von Fett oder Stärke zu kompensieren. Das funktioniert leider nicht. Die drei Nahrungsmittelkategorien sind zwingend notwendig, wenn wir gesund bleiben wollen.

Und da ist noch ein Punkt: Die Zusammensetzung der einzelnen Mahlzeiten. Bitte iss immer eine vollständige Mahlzeit: Gemüse, Protein, Fett. Ja, ich weiss da war dieser Arzt in Wisconsin, der den Apfel zwischendurch propagierte. Aber ich nehme an, du wohnst nicht gerade in Wisconsin. Und, ja, ich weiss, da war diese Trennkost. Die ist rein anatomisch in 10 Sekunden widerlegt: Unser Organismus hat alle Verdauungsstationen, und zwar schön nacheinander aufgereiht: die für Protein, die für Früchte-Gemüse, die für Fett. Kein Grund also, die Dinge auseinanderzureissen. Wir Menschen können unseren Vitalstoffbedarf nur decken, wenn wir die drei Grundkategorien essen. Essen wir sie, kann unser Organismus genau das herausnehmen und nutzen, was er gerade benötigt. Mal ist es etwas mehr Vitamin B12, das nächste mehr Magnesium usw. Kein Mensch der Welt, und sei er ein noch so guter Experte, Arzt, Therapeut, Guru: Niemand kann den jeweils aktuellen wirklichen Bedarf an Vitaminen, Mineralien usw. so genau und effizient steuern wie unser Ernährungssystem. Alles, was wir dazu beitragen können, ist: Unserem Organismus eine so breite Palette als irgend möglich anbieten. Denk immer daran: In unserem Organismus hängt alles von allem ab. Kein Grund also, Dinge, die zusammengehören, zu trennen.

Mit anderen Worten: Bereite dir täglich drei Mahlzeiten zu und jede dieser Mahlzeit besteht immer aus den drei Nahrungsmittelgruppen:

➢ Gemüse und/oder Beeren und/oder Früchten
➢ plus Protein
➢ plus Fett.

Beispiel für eine vollständige, artgerechte Mahlzeit gefällig? Ok, wähle aus jeder Kategorie

Artgerechte, vollständige Mahlzeiten, Beispiele

Kohlenhydrate	Eiweiss	Fett
Wenig Mais, Reis, Nudeln, Brot usw.	Pro Mahlzeit eine einzige tierische Eiweiss-Sorte	Beschränke dich unbedingt auf
Viel **Gemüse** wie z.B. • Brokkoli, • Blumenkohl, • Kohl, • Tomaten, • Wirsing, • Karotten, • Sellerie • Pilze, Heilpilze usw.	• Fisch, • Eier, • Kalbfleisch, • Rindfleisch, • Huhn, • Ente, • Wild, • Milchprodukte	• Butter • Leinöl Und zum Erhitzen, braten: • Bratbutter • Kokosfett
Und/oder viel **Früchte** wie z.B. • Apfel, • Birne, • Aprikose, • Melone, • Trauben, • Bananen, • Orangen usw.	Wenn Schweinefleisch, dann vorzugsweise • Schinken oder • Filet	
Und/oder viel **Beeren** wie z.B. • Erdbeeren, • Himbeeren, • Blaubeeren, • Johannisbeeren usw.	Pflanzliches Eiweiss wie z.B. • Kidney-Bohnen • Linsen, • Erbsen usw.	
Kombiniere dazu **Kräuter und Gewürze** wie z.B. Petersilie, Schnittlauch, Thymian, Salbei, Rosmarin, Koriander, Basilikum. Kurkuma usw.		
Kombiniere dazu **Wildkräuter** wie z.B. Löwenzahn, Giersch, Spitzwegerich usw.		

Übergewicht

Gehörst auch du zu jenen Menschen, die mit den Kilos kämpfen? Übergewicht hat immer mit der Ernährung zu tun. Ok, ja, Übergewicht hängt auch an der Leistungsfähigkeit deiner Verdauungsorgane. Aber wenn die geschädigt sind, dann hängt auch das wieder an der Ernährung. Mit anderen Worten: Solange du Dinge isst, die dein Organismus nicht oder kaum verdauen kann, so lange hast du Übergewicht. Ist doch logisch, oder?

Sehen wir uns das genauer an: Nehmen wir an, du isst eine Fertigpizza und trinkst Cola. Was denkst du, was tut dein Verdauungssystem mit den Geschmacksverstärkern, Aromen, Haltbarmachern und all den anderen künstlichen Zutaten? Eigentlich hat es ja nur zwei Möglichkeiten: Entweder es lässt sie durch den Verdauungstrakt durchrauschen und dann hast du Durchfall, oder es muss sie irgendwo lagern. Vieles landet im Dickdarm, bleibt dort als Kotsteine. Unappetitliche verhärtete Masse, aber wenigstens inaktiv. Viel schlimmer sind jene Dinge, die deine Gelenke anfressen, die Knoten in deinen Brüsten bilden, die das Immunsystem ausser Rand und Band bringen usw.

Dinge, die dein System nicht richtig verdauen kann, schaden dir auf zwei Arten: Einerseits hast du viel zu wenig Energie und andererseits bilden sie die Grundlage für Krankheiten. Leider auch zu gravierenden Krankheiten wie Krebs.

> Jede Nahrung, die dein Verdauungssystem nicht kennt,
> nicht vollständig verarbeiten und ausscheiden kann,
> führt zu Übergewicht und Krankheit.

Ernährungsregel 2; Iss nährwertreiche Mahlzeiten: Zusammenfassung

Ernährungsregel 2: Iss nährwertreiche Mahlzeiten!

Kombiniere deine Mahlzeiten aus möglichst frischen, möglichst einfachen Nahrungsmitteln mit hochstehender (Bio-) Qualität.

Iss nährwertreiche, vollständige Mahlzeiten:
Gemüse/Früchte/Beeren
plus Eiweiss
plus gut verdaubare, Omega 3 reiche Fette.

Gemüse, Früchte, Beeren können und dürfen beliebig gemischt und kombiniert werden in einer Mahlzeit. Isst Früchte als Vorspeise, die verdauen sich rascher als alles andere.

Iss pro Mahlzeit immer nur eine Protein-Sorte. Wechsle bei den Proteinen ab, iss nicht zweimal die gleiche Protein-Sorte pro Tag.

Iss strikte nur verdaubare, Omega 3 überschüssige Fette-Öle.

Ernährungsregel 2; Iss nährwertreiche Mahlzeiten: Arbeitsblatt

Thema	Meine Entscheidung / Mein Handeln
Qualität meiner Nahrungsmittel?	
Was ist für mich eine vollständige Mahlzeit?	
Was ist für mich eine individuell artgerechte Mahlzeit?	
Wie viel Früchte esse ich pro Tag?	
Wie viel Gemüse esse ich pro Tag?	
Wie viel stärkehaltige KH esse ich pro Tag?	
Was sind für mich nährwertreiche Nahrungsmittel?	
Das Thema Übergewicht?	

Ernährungsregel Nr. 3: Iss Beeren, Früchte, Gemüse!

Stärkehaltige / nicht stärkehaltige Kohlenhydrate

Die meisten Menschen verstehen unter Kohlenhydraten die stärkehaltigen Kohlenhydrate, somit Mehl, Brot, Nudeln, Reis, Mais, Hirse, Griess, Dinkel usw. In die Gruppe der Kohlenhydrate gehören aber ganz eindeutig auch Früchte, Gemüse, Beeren, Kräuter, Gewürze und Wildkräuter. Sie stehen sehr viel länger auf unserem Ernährungszettel als Brot und Reis. Alle Getreidearten (Weizen, Gerste, Dinkel, Reis, Hirse usw.) sind von der Natur her eigentlich für die Vogelwelt gedacht. Vögel haben spitze Schnäbel, sie können einzelne Körner aus den Ähren herauspicken. Ausserdem ist der Magen der Vögel für die Verdauung dieser stärkehaltigen Körner bestens geeignet. Unser menschlicher Magen-Darm ist es nicht. Durch Verarbeitung der Körner (mahlen, backen) wird das Ganze für unser Verdauungssystem etwas besser, aber es bleibt immer noch ein grosses Problem: Stärke wird in Zucker umgewandelt und unser Pankreas und unsere Leber haben eine relativ beschränkte Kapazität in Bezug auf Zuckerabbau.

Ja, ich weiss, ich beschreibe hier hochkomplexe chemische Verarbeitungsprozesse in primitiv einfachen Worten – aber es nutzt dir nichts, wenn ich dir Abläufe und Formeln hinschreibe und du deren Auswirkung auf deine Gesundheit nicht verstehst.
Und darum geht es dir doch, oder? Du willst wissen, welche Nahrungsmittel dich gesund und stark und welche dich krank, dick und fett machen.

Nahrungsmittel mit / ohne Stärke

Stärkehaltige Kohlenhydrate:
Brot, Nudeln (Weizen, Dinkel, Roggen, Amaranth usw.),
Reis, Mais, Hirse

Kohlenhydrate mit wenig Stärke:
Wurzelgemüse wie z.B. Karotten, Sellerie, Randen usw.

Kohlenhydrate mit Null Stärkegehalt:
Brokkoli, Kopf-Salat, Lauch, Zucchetti usw. // Früchte

Stärke-Zwitter: Stärke plus Protein:
Alle Hülsenfrüchte (Linsen, Erbsen, Bohnen ....)

Ich verzichte hier auch bewusst auf die Darstellung des glykämischen Indexes und der glykämischen Last. Lies dazu Montignac, er hat ein Leben lang von nichts anderem geschrieben. Sehr hilfreich sind seine Tabellen, die du im Internet findest.[3]

Im Klartext: Unser menschliches Verdauungssystem kann die durch mahlen, backen usw. aufbereiteten stärkehaltigen Kohlenhydrate in einer relativ geringen Menge verdauen. Tausende von Patienten haben mir gezeigt, dass die Stärke-Höchstgrenze meist zwischen 10 und 30 Prozent liegt. Das bedeutet, dein Bedarf an Kohlenhydraten solltest du zu 70 bis 90% aus Gemüse, Früchten und Beeren decken und nur zu

---

[3] Montignac: Die Methode, das Konzept, der Shop: www.montignac.com

einem ganz kleinen Teil aus Nudeln, Brot, Reis, Amaranth, Mais usw. Betrachtet man Standardmenüs in Restaurants bestehen die meist aus 90% Stärke und etwa 10% Gemüse-Garnitur. Gemüse gilt als «Beilage», dabei sind es die Früchte und das Gemüse, die uns die überlebenswichtigen Vitalstoffe liefern. Kein Wunder nehmen Krankheiten wie Diabetes, Rheuma, Fibromyalgie, Arthritis, chronische Entzündungen aller Art von Jahr zu Jahr zu.

> **Stärkehaltige Kohlenhydrate sind erstklassige Dickmacher und sie sind für viele chronische Krankheiten zumindest mit verantwortlich.**

Du hast deine Gesundheit in deiner Hand

Stärke ist ein Krank- und vor allem auch Dick-Macher erster Güte. Wenn du dein Übergewicht halten und fördern möchtest: Brot, Teigwaren, Reis, Mais garantieren das hervorragend. Es gibt nichts Besseres als Weizen für deine Bauchringe.[4]

Viele Menschen versuchen auf Vollkorn, Dinkel, Amaranth, Einkorn usw. auszuweichen. Sind die besser? Nun Weizen-Weissmehl enthält rund 95% Stärke, Weizen-Vollkorn rund 85%, Dinkel und Amarant rund 70%. Aus meiner Sicht immer noch viel, viel zu viel. Einzig Buchweizen hat deutlich weniger, nämlich rund 30% Stärke. In Anhang 1 habe ich eine Liste der stärkehaltigen Nahrungsmittel dargestellt.[5]

---

[4] Lies dazu: William Davis, Dr. med.: Weizenwampe, Goldmann Verlag
[5] Anhang 1: Liste der stärkehaltigen Nahrungsmittel

Also ganz auf Brot verzichten? Ja, warum nicht! Ernährung ist Gewohnheitssache. Weisst du, was Chinesen zum Frühstück essen? Kohl, Chinakohl, Algen. Wenn ich Werbefachmann wäre, würde ich jetzt hier schreiben: Essen Sie Chinakohl; 1,4 Milliarden Menschen können sich nicht irren.

Ach ja, da ist noch eine Gruppe von stärkehaltigen Kohlenhydraten, ich nenne Sie die Stärke-Zwitter. Sie bestehen nicht aus Stärke plus Gemüse, sondern aus Stärke plus Protein: Erbsen, Linsen, Bohnen. Weil sie Zwitter sind, werden Sie meist in einer separaten Klasse geführt: die Hülsenfrüchte. Sie enthalten rund 40 bis 60% Stärke sowie 40 bis 60% Protein. Nicht alle Menschen können Hülsenfrüchte gut verdauen, die einen verdauen sie als Gemüse, andere wie Protein. Mit anderen Worten: die Energie-Schöpfung aus Hülsenfrüchten ist sehr unterschiedlich. Ob sie individuell nutzbar sind, klärt die Metabolic Ernährungsanalyse.

Doch zurück zu den praktisch nährwertlosen Stärke-Bomben, die so weit verbreitet sind: Überlege mal: Teigwaren, Reis, Kichererbsen usw. schmecken an sich praktisch nach nichts. Sie werden erst durch Zutaten wie z.B. Pesto oder Tomatensauce schmackhaft. Willst du wirklich weiterhin geschmackloses, nährwertloses Füllmaterial in dich hineinzustopfen? Da sind Gemüse, Früchte und Beeren doch bei Weitem die bessere Wahl, nicht wahr?

> Gemüse, Früchte, Beeren
> bringen viel Gaumenfreude
> in deine Nahrung.

Ja, stimmt, wenn du beginnst mehr Gemüse und Früchte zu essen, dann merkst du rasch, dass du mengenmässig mehr essen musst, um satt zu werden und zu bleiben. Früchte/Gemüse verdauen sich einfacher und schneller als Stärke – du benötigst relativ viel davon. Dafür hast du mehr Energie und deine Verdauungsprobleme beginnen zu verschwinden.

Was ist artgerecht?

Bleibt die Frage, was denn nun am besten ist: Gemüse? Früchte? Beeren? Die Frage lässt sich einfach beantworten, wenn wir überlegen: Was wurde am wenigsten verändert? Unsere heutigen Gemüse sind wohl alle im Laufe der Zeit gezüchtet worden; Karotten z.B. aus der Wild-Karotte. Gemüse sind also Züchtungen unserer Zeit. Sind Früchte besser? In meiner Kindheit habe ich Apfelsorten gegessen, die es heute schon lange nicht mehr gibt. Praktisch alle heute käuflichen Äpfel sind also auch Neu-Entwicklungen. Vermutlich sind einzig die Beeren, die wohl noch am wenigsten veränderten Ur-Nahrungsmittel. Und die Wildkräuter natürlich.

Soll man, darf man Gemüse und Früchte und Beeren gleichzeitig, d.h. in einer Mahlzeit essen? Es gibt Ernährungsfachleute, die sagen, nein. Ich bin da nicht so strikt. Viel wichtiger ist, die Zubereitungsart, wie man Früchte und Beeren essen sollte:

- Erstens bitte immer als Frucht/Beere und nie als Fruchtsaft/Beerensaft. Als Saft genossen werden Früchte und Beeren zu Zucker-Bomben.
- Zweitens bitte nie allein, sondern immer nur zusammen mit Eiweiss. Aber das weisst du ja schon: Eine vollständige Mahlzeit besteht immer aus Früchten/Gemüse/Beeren plus Protein plus Fett.

Überlebenswichtige Inhaltsstoffe

Früchte, Beeren, Gemüse haben noch einen ganz wesentlichen Pluspunkt: die sekundären Pflanzenwirkstoffe. Die herkömmliche Ernährungslehre kennt Vitamine, Mineralien und Spurenelemente: Das sind zwei bis drei Duzend lebensnotwendige Wirkstoffe. Erst nach und nach wird klar, dass damit noch lange nicht alle für unser Überleben notwendigen Wirkstoffe bekannt sind: Es fehlen die sekundären Pflanzenwirkstoffe. Sie werden auch Phytochemikalien oder Phytomine genannt. Du weisst schon Dinge wie Carotinoide, Saponine, Glucosinolate, Protease-Inhibitoren, Sulfide, Monoterpene usw.

Diese Gruppe von Wirkstoffen ist noch lange nicht vollständig erforscht, denn sie ist riesengross. Experten schätzen, dass es tausende, wenn nicht zehntausende solcher überlebenswichtigen Inhaltsstoffe gibt.

Und das Beste an diesen Wirkstoffen ist: Sie wirken antikanzerogen, antioxidativ, antithrombotisch, cholesterinsenkend, entzündungshemmend und und und. Was auch immer dein Problem ist, es gibt Phytomine, die deinen Organismus unterstützen, um genau dieses Problem zu überwinden. Anders ausgedrückt: Die Phytomine sind deine Selbstheilungskräfte.

Musst du sie alle kennen? Nein, dein Verdauungstrakt kennt sie. Er weiss, wie sie zu nutzen sind. Das Einzige, was du tun musst: Reduziere die nährwertarmen stärkehaltigen Kohlenhydrate, iss dafür Beeren, Früchte, Gemüse, Wildkräuter: in rauen Mengen.

Ernährungsregel 3: Iss Beeren, Früchte, Gemüse: Zusammenfassung

Ernährungsregel 3: Iss Beeren, Früchte, Gemüse!

Stärkehaltige Kohlenhydrate wie Brot, Reis, Mais sind nährwertarme Dickmacher. Vitamine, Mineralien und Spurenelemente finden sich kaum in Mais, Reis, Nudeln, Brot.

Wenn du gesund bleiben möchtest, wenn du deinem Körper alle notwendigen, überlebenswichtigen Vitalstoffe geben möchtest, musst du zwingend Beeren, Früchte, Gemüse, Wildkräuter essen. In rauen Mengen, täglich drei Mal!

Ernährungsregel 3: Iss Beeren, Früchte, Gemüse: Arbeitsblatt

Thema	Meine Entscheidung / Mein Handeln
Was ist für mich Stärke?	
Wie viel Stärke esse ich?	
Wie viel Früchte esse ich?	
Wie viel Gemüse esse ich?	
Versorge ich meinen Organismus mit genügend Vitalstoffen?	

Ernährungsregel Nr. 4: Iss Protein!

Wir Menschen sind ein Proteingebilde

Wir Menschen bestehen nicht aus Kohlenhydraten, sondern aus Protein. Damit unser Organismus in seiner Struktur und Form erhalten bleibt, müssen wir zwingend genügend Protein essen, und zwar die Protein- Sorten, in denen alle essentiellen Aminosäuren enthalten sind. Diese Qualität erfüllen die pflanzlichen Proteine und die Milchprodukte nicht.

Wie viel Protein sollte es denn sein? Unsere Ur- Ur-Vorfahren waren Jäger und Sammler, sie haben ihren Energiebedarf wohl vorwiegend aus der Jagd, aus Protein gedeckt. Heute sind wir ein sesshaftes Mischvolk, wir benötigen eine Misch-Ernährung, die allerdings nach wie vor einen recht hohen Protein-Anteil enthält.

Der überlebensnotwendige Proteinanteil ist von Mensch zu Mensch unterschiedlich, er schwankt zwischen 35 und 60%.[6]

Im Durchschnitt wird also etwa die Hälfte des Energiebedarfs aus Protein gedeckt. Wenn du versuchst ohne Protein zu leben, dann fehlen dir immer 50% Energie. Völlig egal was du dann isst: Du gibst deinem Körper nie genug Energie, er kann all seine Aufgaben nie vollständig erfüllen. Insbesondere chronische Krankheiten kann er so nie überwinden.

Wie sich das anfühlt? Hast du jemals versucht einen 220 Volt Haartrockner mit 110 Volt zu betreiben?

Genau so funktioniert dein Organismus, wenn du ihm ungenügend Kraft gibst.

---

[6] Der individuell richtige Anteil kann mit Metabolic Typing analysiert werden.

Ja, ich kenne die heutige Modeströmung. Ich weiss, dass es politisch verpönt ist, tierisches Protein zu empfehlen, aber unser Organismus kümmert sich überhaupt nicht um Politik. Er funktioniert heute immer noch so, wie er vor vielen tausend Jahren funktioniert hat. Er benötigt tierisches Protein. Daran führt kein Weg vorbei.

Sind Protein-Ersatz-Produkte eine Lösung? Nein. Unser Organismus lässt sich nicht bescheissen. Er muss das, was du isst aufschliesse um es verwenden zu können. Und wenn er statt Fleisch eine Pilzmasse oder Weizenmehl oder eine Fettpampe oder künstliche Aromastoffe findet, dann kann er leider daraus nicht die Energie gewinnen, die er aus Protein gewinnen könnte.

Leben ist Energie

Das Leben, unsere menschliche Existenz, ist letztlich eine Energie-Frage. Wir Menschen haben drei wichtige Energiequellen: Nahrung, Schlaf, Bewegung. Dabei ist Nahrung mit Abstand die wichtigste Quelle und innerhalb der Nahrung ist es – wie wir gesehen haben - Protein. Wenn dein Energie-Zustrom nicht stimmt, hat dein Organismus nie die Kraft dein Leben gesund und vital auszugestalten. Du bist und bleibst anfällig für Krankheiten und Stimmungen. Deine Selbstheilungskräfte können sich nie richtig entfalten, dein Immunsystem ist lahm, du kommst aus deinem Krankheitsproblem nicht heraus.

Wir sind Wesen aus Fleisch und Blut, das kann niemand ändern. Der grösste Teil unseres Körpers, unserer Struktur, besteht aus Wasser und Proteinen. Proteine sind für unsere Gesundheit essentiell. Proteine erfüllen eine ganze Reihe von überlebenswichtigen Aufgaben, nämlich:

Regeneration und Reparatur. Haut, Haare, Augen, Muskeln und unsere Organe werden aus Proteinen gebildet. Kinder im Wachstum benötigen besonders viel davon, Menschen nach Unfällen oder nach Operationen ebenso. Vielleicht ist dir auch nicht so recht bewusst, dass dein ganzer Körper nicht einfach einmal in einer Fabrik erstellt worden ist. Nein, er erneuert sich ununterbrochen. Wenn du also gesunde, leistungsfähige Organe, eine schöne, regelmässige Haut, kräftige Nägel, gesunde Haare haben möchtest, dann empfehle ich dir: Iss Protein!

> Gesunde Organe, kräftige Nägel, schöne Haare, reine Haut:
> Iss Protein!

Hormonbildung. Proteine sind massgeblich am Aufbau von Hormonen beteiligt, so beispielsweise Sekretin. Sekretin fördert den Verdauungsprozess, regt die Bauchspeicheldrüse und den Darm an. Wenn du das nächste Mal den Eindruck hast, dass deine Hormone wieder einmal „spinnen", dann überlege als Erstes, ob du genügend Protein gegessen hast. Proteine zu essen, ist viel, viel gesünder als Psychopharmaka zu schlucken.

> Proteine sichern ein stabiles, gesundes Seelenleben.

Energie. Dein aktuelles Energieniveau hängt massgeblich davon ab, ob du genügend Proteine isst oder nicht. Wenn du dich also schlapp fühlst: Iss Protein. Wenn dein Organismus mal wieder einen Energie-Zusammenbruch produziert (wie z.B. einen Migräneanfall): Iss Protein. Wenn du kurz vor dem Burnout stehst: Iss tüchtig Protein.

Müde? Abgeschlafft? Burnout?
Iss Protein!

Enzyme. Protein-Enzyme bilden die DNS. Die DNS ist sozusagen der Bauplan der Zelle. Ist dieser Bauplan unvollständig oder gestört, bildet sich eine degenerierte Zelle. Man kann auch – sehr laienhaft ausgedrückt – sagen: Fehlt Protein, ist der Missbildung von Zellen (und damit Krebs) Tür und Tor geöffnet. Wenn du nach einer sicheren Krebs-Vorsorge suchst: Iss Protein! Und zwar bitte in Form von Fisch, Rind, Ei und nicht als Protein-Pulver. Und wenn trotzdem Pulver, dann bitte nicht ein pflanzliches Protein (Soja, Weizen) und auch nicht ein Milcheiweiss-Protein-Pulver. Die enthalten nicht alle essentiellen Aminosäuren.

Suchst du eine gute Krebs-Vorsorge:
Iss Protein!

Transport und Lagerung von Molekülen. Moleküle werden durch Speicherproteine transportiert. Hämoglobin beispielsweise ist ein Protein, das Sauerstoff durch den ganzen Körper transportiert. Ferritin ist ein Protein, das sich in der Leber mit Eisen verbindet und in der Lage ist, Eisen zu speichern. Wenn dein Arzt dir das nächste Mal sagt, du hättest zu wenig Eisen, dann iss zunächst mal Protein. Das ist natürlicher als Eisenspritzen.

> Nichts sichert die Versorgung deiner Organe
> mit Vitalstoffen besser als Protein.

Antikörper. Antikörper – sie werden durch Proteine gebildet – helfen, Krankheiten und Infektionen zu verhindern. Sie unterstützen die Zerstörung von Viren und Bakterien. Antikörper stützen dein Immunsystem. Wenn du das nächste Mal erkältet bist: Iss Protein!

> Protein schafft dem Organismus die Voraussetzung,
> um Krankheitserreger zu überwinden.

Die besten Protein-Sorten

Von meinen Patienten werde ich immer wieder gefragt, welche Eiweiss-Sorten denn nun die besten seien. An sich sind es jene, die die meiste Energie-Kraft speichern, somit die kräftigen Eiweiss-Sorten wie Rind, Lamm und bei den Fischen Lachs und Thunfisch. Nur leider ist

Verdauung eine ganz individuelle Sache. Ich empfehle dir Metabolic Typing. MT analysiert dein Verdauungssystem und gibt dir eine zuverlässige Liste all jener Proteine (sowie Früchte, Gemüse usw.), die du individuell gut verdauen kannst.[7]

Alternativ empfehle ich dir Vielfalt. Iss Fisch, Fleisch, Hühnchen, Eier. Eier sind übrigens eine sehr gute und kostengünstige Eiweissquelle. Eier enthalten alle essentiellen Aminosäuren. Iss ruhig – je nach Kalorienbedarf/Grundumsatz – ein bis zwei Eier täglich.

Milchprodukte, eine Notnahrung der Sennen

Ja, ich höre deine Frage: Warum schreibt er nichts über Milchprodukte? Milchprodukte sind doch auch Eiweiss? Ja, sind sie. Und sie sind auch die Eiweissgruppe, die am meisten Probleme macht: Allergien, Unverträglichkeiten, Übergewicht oder Magersucht. Warum dem so ist? Nun Milchprodukte sind ähnlich wie Fisch bei den Eskimos. Es war eine Notnahrung der Bergbauern, der Sennen und der Bewohner der Sumpfgebiete in den Niederlanden. Kuhhaltung war die einzige Möglichkeit zu überleben. Da die Milchleistung der Kühe immer weiter gesteigert wurde, begann man Milchprodukte grossflächig zu vermarkten. Dazu musste Milch „haltbar" gemacht werden. Die Verträglichkeit wurde dadurch nicht besser, auch nicht, als man nicht mehr nur eine Joghurt-Sorte, sondern deren Hunderte anbot. Milch, Quark, Käse, Yoghurt usw. bleiben Milchprodukte - eine Notnahrung, die nach wie vor nicht von allen Menschen verdaut und genutzt werden kann. Besonders bedauernswert sind jene Menschen, bei denen Milchprodukte zu Übergewicht führen. Es ist eine sehr unansehnliche Art von Übergewicht: Fettsäcke hängen an Kinn, Oberarmen, Bauch, Oberschenkel.

---

[7] Metabolic Typing (MT) ist die einzige Ernährungslehre, die die Verdaubarkeit der Nahrungsmittel hinterfragt. MT hat etliche Nachahmer: Metabolic Balance, Paramediform und weitere. Weitere Informationen: www.lanz-heilpraxis.ch

Der ganze Körper ist unförmig aufgeschwollen und verschleimt. Was sie auch tun, wie viel Kuren sie auch machen – nichts bringt die Kilos weg – so lange sie weiterhin Milchprodukte essen. Ja, ich weiss, es gibt laktosefreie Milchprodukte. Da frage ich mich halt einfach: Wozu? Warum tut man sich Milch und Milchprodukte denn überhaupt an? Warum lässt man es nicht einfach?

> Milchprodukte sind unvollständige, nährwertarme Proteine,
> die lange nicht von allen Menschen verdaut werden können.

Ja, aber, so höre ich oft, Milch ist doch wichtig für Kleinkinder. Ist sie das wirklich? Wäre nicht Muttermilch bzw. die alt überlieferte Sitte der Amme tausend Mal gesünder, artgerechter und viel, viel natürlicher für Kleinkinder? Wer um Gottes Willen kam auf die verrückte Idee zu behaupten, Kuhmilch sei gesund für einen Säugling?
Milchprodukte, soweit man sie denn überhaupt verträgt, haben noch einen Nachteil: Milch ist das einzige tierische Eiweiss, das nicht alle essenziellen Aminosäuren enthält.

Ebenso problematisch sind Protein-Ersatzprodukte, die oft auf Mehl, Kartoffeln, Pilzen beruhen. Durch Aromen, Haltbarmacher, Farbstoffe usw. werden sie für unser Verdauungssystem zur echten Herausforderung: so gut wie nährwertlos, aber enormer Energieverlust. Bitte beginne zu fasten, bevor du deinen Organen das antust.

Energiedichte

Proteine haben einen ganz wesentlichen Vorteil: die Energiedichte. Unser Organismus kann aus einer vergleichsweise kleinen Nahrungsmenge sehr viel Kraft schöpfen. Gemüse, Früchte, Beeren, Kohlenhydrate haben eine erheblich geringere Energiedichte. Mit anderen Worten: Wenn du mit Gemüse und Früchten satt werden möchtest, musst du entsprechend viel mehr essen.

In der nachstehenden Tabelle vergleiche ich wie viel Protein bzw. Gemüse, Früchte du essen musst um bei einer normalen Mahlzeit satt zu werden: Nimmst du Lamm, genügen 50 gr., nimmst du Kopfsalat, dann musst du über 2 kg davon essen.

Proteinart	Gramm
Lamm	50
Rind	100
Kaninchen	100
Wild	125
Lachs	75
Thunfisch	75
Eier	100

Gemüse, Früchte, Beeren, Salat	Gramm
Brokkoli	850
Tomate	1'250
Salatgurke	1'750
Kopfsalat	2'050
Apfel	400
Aprikose	550
Erdbeeren	750

Diese Wahrheit ist auch im Tierreich zu beobachten: Ein Pferd frisst so gut wie Tag und Nacht; eine Katze frisst ein bis zwei Mäuse – das hat sie in längstens 20 Minuten erledigt.

Ernährungsregel 4: Iss Protein: Zusammenfassung

Ernährungsregel 4: Iss Protein!

Es gibt kein anderes Nahrungsmittel, das so viel Kraft, Energie und Vitalität liefert wie tierische Proteine. Ausserdem:

- Proteine sichern deinen Regenerationsprozess.
- Proteine regulieren deinen Hormonhaushalt.
- Proteine gewähren dir Zellgesundheit, schützen deine DNS.
- Proteine versorgen deine Zellen mit Sauerstoff.
- Proteine bauen Antikörper auf, stärken dein Immunsystem.

Proteine sind überlebenswichtig und jeder Versuch sie zu reduzieren oder zu ersetzen, endet in Müdigkeit, Depression, Krankheit, Burnout.

Ernährungsregel 4: Iss Protein: Arbeitsblatt

Thema	Meine Entscheidung / Mein Handeln
Wie stehe ich zum Thema Protein?	
Wie nutze ich die Protein-Energie?	
Welche Protein-Sorten esse ich?	
Esse ich zu jeder Mahlzeit Protein?	
Wie viel Protein insgesamt esse ich?	

Ernährungsregel Nr. 5: Iss leicht verdaubare Fette!

Angst vor Fett

Viele Menschen haben irgendwie Angst vor Fetten. Sie kaufen sich spezielle Pfannen, damit sie möglichst fettlos kochen, garen, braten können. Wie schade, denn gut verdaubare Fette garantieren dir Geschmeidigkeit, Gelenkigkeit, kalkfreie Adern und Venen. Sie sind also Schutz vor Arterienverkalkung, Gehirnverkalkung, Arteriosklerose, Hörsturz, Rheuma, Gelenkversteifungen und anderen „netten" Zivilisationskrankheiten.

Seit vielen Jahren werden sogenannt kurzkettige Fette und Öle propagiert, insbesondere Oliven- und Rapsöl. Für Olivenöl wird mit dem Argument „gesunde italienische Küche" geworben. Wenn ich mir die oft übergewichtigen italienischen Nonnas ansehe, dann zweifle ich sehr, dass diese italienische Fett-Küche wirklich so gesund ist.

Sonnenblumenöl, Olivenöl, Rapsöl, Distelöl, Walnussöl und wie sie alle heissen: Sie haben durchaus positive Eigenschaften und die werden ja auch genügend beworben. Doch diese Werbung ist sehr einseitig. Der grosse Nachteil der heutigen Ernährungslehre ist, dass sie zwar alle Details zu den Inhaltsstoffen der Nahrungsmittel kennt, dass sie sich aber keinen Deut darum kümmert, ob ich als Mensch, ob mein Verdauungssystem, diese Goodies auch wirklich nutzen kann. Man tut immer so, als würden die Inhaltsstoffe automatisch in meinen Körper übergehen. Ich kann noch so viele Bilder von Einstein betrachten, wie ich will, dadurch werde ich noch lange kein Genie.
Mit anderen Worten: Inhaltsstoffe sind graue Theorie, erst meine individuelle Verdauung klärt, ob und wie viel der Inhaltsstoffe ich persönlich nutzen kann.

> Solange mein Verdauungssystem es nicht verarbeitet
> und meinen Organen zugeführt hat,
> nützen mir alle Ernährungsversprechen rein gar nichts.

Omega 3 : Omega 6

Ganz abgesehen von dieser Frage ist da noch ein Punkt. Ein Punkt, den jede Werbung verschweigt. Würde man den publizieren, würden all diese Fette von einem Tag auf den anderen unverkäuflich. Angesichts mehrerer Millionen Olivenbäume im Süden der EU ist man natürlich sehr darum bemüht, diesen einen Punkt so geheim als irgend möglich zu halten oder seine Wichtigkeit herunterzuspielen. Da ich täglich mit „Öl geschädigten" Menschen zu tun habe, schreibe ich das hier ganz offen. Olivenöl, Rapsöl, Sonnenblumenöl, Distelöl usw. haben einen riesigen, ganz gravierenden Nachteil: Sie enthalten deutlich mehr Omega 6 als Omega 3.

Alle Öle und Fette, alle Fettanteile in Milchprodukten, in Fleisch, in Fisch werden in unserer Verdauung in Omega-Fettsäuren aufgespalten. Davon gibt es etliche: Omega 3, 5, 6, 7, 9. Bis auf Omega 6 sind sie alle problemlos und werden gut vertragen. Omega 6 allerdings ist eine echte Säure. In kleinen Mengen genossen macht Omegas 6 aktiv. Nur leider enthält unsere Nahrung Omega 6 nicht in kleinen Mengen, sondern in einem riesigen Überschuss. Diese Übermenge zersetzt Gewebe, zerfrisst Gelenke. Wenn du gerne Fibromyalgie, Arthritis, Rheuma, «abgenutzte» Gelenke hast, dann kann ich dir Omega 6 Öle (Olive, Raps, Sonnenblume usw.) empfehlen. Sie garantieren dir sehr viel Schmerzen.

Glaube mir, ich weiss, wovon ich spreche. Ich selbst litt unter Polyarthritis. Ich habe geschrien vor Schmerzen. Mein Rheumatologe gab mir Medikamente und Spritzen. Hat das meine Gelenke regeneriert? Pustekuchen. Die Schmerzen wurden immer nur schlimmer und mein Arzt empfahl mir, einen Rollator anzuschaffen. Es hat viele Monate gedauert, bis ich herausfand, warum meine Gelenke entzündet waren (stärkehaltige Kohlenhydrate) und was genau sie anfrass: Omega 6. Ich verbannte Oliven-, Raps- usw. Öle aus meinem Leben und begann sehr viel Omega 3 zu schlucken. Mein Organismus benötigte sechs Monate, um meine Omega 6 Sättigung langsam in ein Omega 3 : 6 Gleichgewicht zurückzuführen. Seither meide ich alle Omega 6 Quellen wie die Pest – und bin nunmehr seit gut 30 Jahren völlig beschwerdefrei.

Möchtest du wissen, wie auch du Fibromyalgie, Arthritis, Polyarthritis, Gicht, Rheuma, Gelenkschmerzen usw. loswerden kannst? Du kannst völlig beschwerdefrei werden, wenn du deine Ernährung umstellst:

- Vermeide Zucker und stärkehaltige Kohlenhydrate so vollständig als irgend möglich
- Ersetze Omega 6 überschüssige Fette durch Omega 3 : 6 neutrale Fette
- Konsumiere grosse Mengen an Omega 3 Fetten

Dein Organismus kann Arthritis, Polyarthritis, Fibromyalgie usw. überwinden,
wirklich echt überwinden,
wenn du ihm hilfst, den Omega 6 Überschuss abzubauen.

Gicht

Bei Gicht wird oft empfohlen auf Schweinefleisch zu verzichten oder ganz generell vegetarisch zu essen. Schweinefleisch produziert Säure und die Fettanteile sind Omega 6 überschüssig. Ein Verzicht auf Schweinefleisch ist somit sinnvoll, aber je nach Omega 6 Sättigung deines Gewebes ein Verzicht auf Schweinefleisch genügt das bei weitem nicht. Wenn du deine Schmerzen loswerden willst, dann kaufe dir Leinöl und nimm davon drei bis vier Suppenlöffel; täglich. Und, bitte, entsorge deine Rheumabomben: Olivenöl, Rapsöl, Sonnenblumenöl.[8]

Da ist noch ein ganz wichtiger Punkt zum Thema Olivenöl: Verkalkung. Zwar habe ich keine wissenschaftlichen Studien noch Fachartikel zu diesem Thema gefunden, aber Beobachtungen bei mir selbst und bei tausenden von Patienten lassen nur einen Schluss zu: Nicht oder schwer verdaubare Fette und Öle begünstigen die Kalkeinlagerung. Sie verbinden sich mit dem überschüssigen Kalk in unserer Nahrung zu einer zähen, klebrig-harten Masse und setzen Arterien zu. Mehr dazu im Kapitel 8.

---

[8] Eine Übersicht zu Omega 3 und 6 findest du in Anhang Nr. 2

Fette und Öle, Übersicht

Fette und Öle Übersicht:

Omega 6 überschüssig:
Alle Fette, Öle ausser Leinöl
Alle Nüsse[9]
Alle Fettanteile in Fleisch, Ei, Milch

Omega 3 überschüssig:
Leinöl, Fisch, Algen

Omega 3 : 6 neutral:
Kokosfett, Butter, Bratbutter

---

[9] Walnüsse und Macadamia-Nüsse enthalten einen (leider kleinen) Omega 3 Anteil.

Ernährungsregel Nr. 5: Iss leicht verdaubare Fette: Zusammenfassung

Ernährungsregel 5: Iss leicht verdaubare Fette!

Das Thema Fett und Öle ist ganz einfach:
Gut verdauen kannst du Butter, Bratbutter, Kokosfett und Leinöl.

Leinöl verliert seinen Omega 3 Gehalt, wenn du es erwärmst.
Geniesse Leinöl für Salate und Müsli oder nimm es einfach so,
löffelweise.

Nimm Bratbutter oder Kokosfett zum Braten und Erhitzen.

Ein solcher Fettkonsum hat viele Vorteile:
Du wirst garantiert nicht dick.
Deine Gelenke bleiben beweglich, geschmeidig, schmerzfrei.
Deine Adern setzen sich nicht zu,
einen Herzinfarkt musst du nicht befürchten.

Ernährungsregel Nr. 5: Iss leicht verdaubare Fette: Arbeitsblatt

Thema	Meine Entscheidung / Mein Handeln
Welche Fette und Öle esse ich?	
Wie viel Omega 6 esse ich?	
Wie viel Omega 3 esse ich?	
Nach meiner Schätzung, wie sieht mein Omega 3 : 6 Verhältnis aus?	
Ab heute esse ich:	

Ernährungsregel Nr. 6: Trink Wasser!

Was immer auch passiert: Trink Wasser

Das Wichtigste in diesem Kapitel gleich zu Beginn: Wenn immer du Schmerzen spürst: Trink Wasser! Wenn du morgens aufwachst und du spürst Schmerzen: Bevor du zur Schmerztablette greifst: Hilf deinem Körper den Schmerz aufzulösen, die Verkrampfung aufzuschwemmen, die Blockade aufzuweichen: Trink Wasser. Schluckweise; ein Glas, zwei Gläser, drei Gläser. Nimmt dir Zeit dazu – gib deinem Organismus Zeit den Schmerzanfall zu lindern, aufzuschwemmen, auszuwaschen. Bewege dich dabei. Atme tief dabei (siehe dazu nächstes Kapitel).

Schmerz ist immer ein Ausnahmezustand, ein Mangel, ein Hilfeschrei des Organismus. Da ist ein Herd, eine Blockade, eine Verklemmung, eine Entzündung, eine Hitze.

Was tut die Feuerwehr, wenn es brennt? Sie löscht.

Also lösche! Wasser, Wasser, Wasser. Geduldig, schluckweise, über lange Zeit.

Das Gleiche gilt für Müdigkeit.

Und nochmals das Gleiche gilt für Hunger. Durst signalisiert dir dein Organismus eher selten, weil im Körper in aller Regel ja recht viel Flüssigkeit vorhanden ist. So basiert ein Hungergefühl in Tat und Wahrheit oft auf einem Wasserdefizit.

Schmerzanfall, Hunger, Müdigkeit:
erste Massnahme:
Trink Wasser!

Wir bestehen aus Wasser

Es tönt unglaublich und man kann es sich kaum vorstellen, und doch ist es wahr: Wir Menschen bestehen zu etwa zwei Dritteln aus Wasser. Der menschliche Körper hat Knochen, Organe, Muskeln, Fettgewebe und Wasser, Wasser, Wasser. Um all das Wasser herum ist die Haut gespannt.

Möchtest du wissen, wo all dieses Wasser ist? Nun, es ist ein bisschen überall. Das Meiste ist in den Zell-Zwischenräumen. Also in der Unterhaut, den Organen, im Magen-Darm. Was tut das Wasser da? Es beliefert die Zellen mit Vitalstoffen (Nährstrom), und es entsorgt den Abfall, Schlacken, Bakterien, Viren, Pilze usw. (Klärstrom). Viele Schmerzen entstehen, weil der Klärstrom versagt, versackt. Wenn es durch Trinken von Wasser gelingt, den Klärstrom wieder zum Fliessen zu bringen, kann der Körper die Schlackenstoffe abtransportieren und die Normalität wieder herstellen. Ich denke, ich muss nicht sagen, dass dieses Vorgehen bei Weitem sinnvoller ist als das Schlucken von Schmerztabletten.

Welche Getränke helfen dem Organismus?

Wenn wir bedenken, welch wichtige Funktion Wasser im Körper erfüllt, müssen wir überlegen, welche Getränke dem Organismus die Arbeit am einfachsten machen. Die Frage ist also: Welche Getränke ergänzen den Wasserbestand im Körper:

- Wasser?
- Tee?
- Kaffee?
- Orangesaft, Fruchtsäfte?
- Gemüsesäfte?

- Bier, Wein?
- Energy Drinks?
- Milchdrinks?
- Gemüsebrühe, Fleischbrühe?

Vielleicht denkst du Flüssigkeit ist Flüssigkeit. Leider funktioniert dein Körper nicht so. Alles, ausser reinem Wasser, nimmt dein Organismus als Nahrung wahr. Das bedeutet, dein ganzer Verdauungsapparat wird aktiv. Nicht weiter schlimm? Ja, doch, weil: Erstens kostet das deinen Körper Energie und diese Energie fehlt dir dann beim Denken, Joggen, Arbeiten. Und, noch viel schlimmer, es unterbricht deine normale Verdauung. Das sahen wir schon im Kapitel 1. Da es so wichtig ist erkläre ich es hier nochmals.

Was also ist so an der Unterbrechung? Nun, dein Verdauungssystem ist ein hochkomplexes Zusammenspiel verschiedener Organe. Die Verdauung läuft nach einem immer gleichen Plan ab. Wird sie unterbrochen, kann das System nicht wieder aufgestartet werden. Da, wo der Verdauungsvorgang gestoppt wurde, da bleiben die halbverdauten Nahrungsmittel liegen. Dein Verdauungssystem beginnt nun mit dem neuen Job und irgendwann kollidiert dieser dann mit dem liegengebliebenen Job. Mit anderen Worten: Crash, Chaos.

Das Beste, was du tun kannst: Halte nach jedem Essen eine Essenspause von rund 4 Stunden ein. In dieser Zeit gibt es keinen Pausenapfel, keinen Riegel, keinen Tee, Kaffee, Red Bull oder was auch immer. Zwischen den Mahlzeiten gibt es nichts ausser Wasser, Wasser, Wasser.

Die beste Zeit zum Trinken ist zwischen den Malzeiten.
Das verträglichste Getränk ist Wasser.
Die beste Art zu trinken ist schluckweise.

Schluckweise

Praktisch alle Leiden, Krankheiten, Schmerzen haben als gemeinsamen Hintergrund Hitze, Überwärmung und Entzündungen. Dieser Zustand ist so häufig, dass unser Organismus sie nicht mehr immer anzeigt. All diese Hitze trocknet das Gewebe aus wobei nicht nur die äussere Haut trocken wird, vielmehr sind auch alle inneren Häute und alle Organe zunehmend aus austrocknen. Der ganze Organismus gleicht einer Wüstenlandschaft. Wenn du in dieser Situation ein Glas Wasser rasch trinkst, dann ist das wie ein Sturzregen in der Wüste. Das Wasser dringt nicht in den Boden ein. Dein Organismus kann es nicht aufnehmen, kann nicht profitieren. Das Einzige, was du damit erreichst, ist ein Gang zur Toilette. Relativ rasch nach deinem Glas Wasser gehst du pinkeln — dein Wasservorrat im Körper wurde nicht ergänzt, nicht erneuert. Der beste Rat ist somit: Trinke, aber trink langsam. Schluckweise.

Trinke viel Wasser,
aber trink es langsam
Gib deinem Organismus Zeit,
das Wasser auch aufnehmen zu können.

Wasserqualität

Nun ist Wasser nicht gleich Wasser, sagst du mir. Ja, richtig. Quellwasser ist das natürlichste, doch die Wenigsten von uns leben in der Nähe einer Quelle. Also sind wir auf die Wasserversorgung angewiesen. Je nach Qualität der Wasseraufbereitung ist Hahnen-Trinkwasser empfehlenswert. Wenn nicht, bleibt Flaschenwasser. Leider enthält es Mineralien und das sind aus Stein gelöste Mineralien. Unser Organismus ist gewohnt Mineralien aus Gemüse aufzunehmen, Stein-Mineralien kosten ihn deutlich mehr Energie. Bei schlechter Qualität der Wasserversorgung bleibt dir aber nichts anderes übrig. Suche also ein Mineralwasser mit möglichst wenig Mineralgehalt – und trinke bitte Mineralwasser ohne Kohlensäure. Kohlensäure ist ein Abfallprodukt unseres Organismus, das macht ihm nur zusätzliche Probleme und ist ein deutlicher Energieverlust.

Gleichgültig, was wir trinken, wir trinken immer in der guten Absicht, dadurch den Wasservorrat im Körper zu ergänzen. Bei Wasser stimmt das durchaus.

Bei anderen Getränken nicht – das sagte ich schon, aber da ist noch ein Aspekt: Flüssigkeiten wie Säfte, Tee usw. werden verdaut. Verdauen heisst: Dein Organismus produziert Verdauungssäfte. Dazu nutzt dein Körper Wasserreserven im Organismus. Resultat: Du trinkst zwar (z.B. Tee), aber statt den Wasservorrat aufzustocken, verbraucht dein Körper Wasser, damit er die Verdauungssäfte herstellen kann. Du trinkst, aber der nutzbare Wasservorrat im Körper sinkt. Klingt verrückt – ist aber so.

Dass trinken müde macht, weil dein Organismus für die Verdauung Energie aufwenden muss, das sahen wir schon.

Kommen wir zum dritten negativen Punkt der Getränke: Sie alle haben eine Wirkung. Sehen wir uns die Wirkung an:

- Bier, Tee und Kaffee beispielsweise regen die Wasserausscheidung an. Du gehst zur Toilette, dein Wasserpegel im Körper sinkt zusätzlich.
- Bier und Wein beschäftigen deine Leber auf längere Zeit: zusätzlicher Energieverlust.
- Gemüsesäfte, frisch gepresst, sind Nahrung, sie kosten etwas Verdauungsenergie, aber sie ergänzen den Wasserbestand.
- Orangensaft und Fruchtsäfte sind erstklassige Säurebomben. Dein Organismus wird heftig gefordert.
- Energy Drinks wirken wie eine Peitsche, sie treiben deinen Organismus auf Höchsttouren: grosser Energieverlust, grosser Wasserbestands-Verlust.
- Milchdrinks verschlacken und verschleimen deine Organe: Dein Organismus versucht aufzuschwemmen: Wasserverbrauch
- Gemüse-, Fleischbrühe sind Nahrung. Sie kosten etwas Verdauungsenergie, aber sie ergänzen den Wasserbestand.

Die Auswirkungen der Getränke auf den Wasserbestand und den Energiehaushalt im Überblick (+ = positiv, - = negativ):

Getränk	Auswirkung auf den Wasserbestand	Auswirkung auf den Energiehaushalt
Wasser	+++++	neutral
Mineralwasser	+++	-
Kohlensäurehaltiges Mineralwasser	+++	---
Tee, Kaffee	----	---
Orangensaft, Fruchtsäfte	-	----
Gemüsesäfte	+	-
Bier	-----	---
Wein	---	---
Milchdrinks	---	-----
Gemüse-, Fleischbrühe	+	-

Wassermenge

Wie viel solltest du trinken? Dazu gibt es Hunderte Ratschläge – und sie alle sind richtig und falsch gleichzeitig, denn die jederzeit richtige Wassermenge lässt sich nicht festlegen. Sie hängt sehr von deinen Lebens- und Essgewohnheiten ab.

Wenn du Joggen gehst und schwitzt, dann hast du einen sicht- und fühlbaren Wasserverlust. Das ist sicher auch dir bewusst – und du trinkst so rasch als möglich zwei oder drei Glas Wasser. Was dein Organismus nicht aufnehmen kann, denn er ist ja erhitzt, das Wasser kann kaum ins Gewebe eindringen.

Der zweite Faktor, der die Wassermenge bestimmt ist deine Nahrung. Bier usw. sind Wasserräuber, das sahen wir. Aber da sind noch weitere, oft nicht beachtete Wasserräuber: Zucker, stärkehaltige Kohlenhydrate und Milch. Alles, was verkleistert, verklumpt, verklebt, verzuckert, kristallisiert benötigt Unmengen an Wasser – da kommst du mit Trinken kaum nach. Bei solchen Essen benötigst du leicht zwei bis drei Liter.

Isst du dagegen Gemüse und Früchte, dann nimmt der Organismus einen Teil seines Bedarfes daraus. Bei einem solchen Essen kommt dein Organismus mit etwa einem Liter Wasser aus.

Die meisten Schmerzen und Krankheiten sind mit Hitze verbunden (insbesondere bei Fieber). Da benötigt dein Organismus leicht drei und mehr Liter Wasser.

Hass, Wut, Eifersucht, Neid erzeugen sehr viel Hitze; sie sind Wasserräuber erster Güter. Sorgen, Probleme, Kummer, Not erzeugen Blockaden. Auch sie sind Wasserräuber. Mit anderen Worten: psychisch-emotionale Störungen erhöhen den Wasserbedarf ebenfalls, und zwar exponentiell.

> Die Wassermenge hängt von vielen Faktoren ab:
> Bewegung, Nahrungsmittel, physisch und psychische Belastungs-Zustände

Bewegung sichert die Wasserverteilung und -Versorgung
Wasser in deinem Organismus ist nicht einfach in einem Reservetank vorhanden, es ist vielmehr ein bisschen überall. Wie kann das Wasser seine Aufgaben (Nährstrom / Klärstrom) erfüllen? Nun, es muss bewegt werden. Ein Teil unserer Körperflüssigkeit, nämlich das Blut, wird durch das Herz in Bewegung gehalten. Der ganze Rest hat keine Pumpe, keinen Motor. Oder doch? Natürlich hat es, sonst würde es ja versacken und versauern. Wie heisst dieser Motor? Bewegung.
Das Wasser im Verdauungsbrei wird durch die Peristaltik (Bewegung Magen-Darm) in Schwung gehalten. Das Wasser im Zell-Zwischengewebe, also in den Armen, den Beinen usw. wird durch Bewegung der Muskeln transportiert.
Mit anderen Worten: Steh auf, beweg dich, immer und immer wieder. Geh wandern, joggen, walken, laufen!

> Bewegung sichert die Wasserversorgung
> aller Organe, Gelenke, Häute.

Ernährungsregel Nr. 6: Trink Wasser: Zusammenfassung

Ernährungsregel Nr. 6: Trink Wasser!

Wir bestehen zum grössten Teil aus Wasser, umhüllt von Haut, strukturiert durch Knochen, Muskeln und Organe.

Unsere Organe verbrauchen, unsere Haut verdunstet Wasser – wir verlieren ständig Wasser und müssen es laufend ergänzen.

Wein, Bier, Tee, Kaffee, Red Bull, Fruchtsäfte usw. machen dem Organismus Probleme. Er muss sie bearbeiten, verdauen – sie kosten Energie und ausserdem meist auch kostbares Wasser.

Ergänze deinen Wasserbestand laufend und schluckweise durch möglichst reines Wasser. Wasser sichert den Nährstrom und entschlackt durch den Klärstrom.

Ernährungsregel Nr. 6: Trink Wasser: Arbeitsblatt

Thema	Meine Entscheidung / Mein Handeln
Welche Getränke trinke ich?	
Wie viel Wasser trinke ich pro Tag?	
Welches Wasser bevorzuge ich?	
Wie oft und wie viel: Tee? Kaffee? Fruchtsaft? Gemüsesanft? Cola? Bier? Wein? Likör? Sekt? Schnaps? Alkopops? Energy Drinks?	

Ernährungsregel Nr. 7: , schöpfe Sauerstoff!

Luft ist die wichtigste Nahrung überhaupt

Das Allererste, was ein neugeborenes Baby tut, ist nicht etwa trinken oder essen, nein, es beginnt zu atmen. Der Atem ist somit unsere erste und wichtigste Nahrung überhaupt. Dass wir ihr im Alltag kaum Aufmerksamkeit schenken, ändert nichts an dieser Tatsache.

Unsere normale Atemluft besteht zu 78% Stickstoff, 21% Sauerstoff, 1% Edelgas und etwas Kohlendioxid. Solange die Sauerstoff-Sättigung über 18% liegt und die Kohlendioxyd-Sättigung nahe Null ist, können wir Menschen gut überleben. Beim Einatmen wird der Sauerstoff über das Blut den Zellen und Organen zugeführt. Wir trinken und verzehren den Sauerstoff und atmen Kohlendioxyd aus. Wird in geschlossenen Räumen nicht laufend frische Luft zugeführt, erhöht sich durch das Ausatmen die Kohlendioxyd-Konzentration, was zu Kopfschmerzen, Müdigkeit, Konzentrationsproblemen, Übelkeit, Schwindel führt. Nicht umsonst haben Arbeiter in Bergwerken früher eine Kerze mitgenommen. Drohte die Kerze zu erlöschen, war klar, dass der Kohlendioxyd-Pegel eine gefährliche Sättigung erreicht hatte; sie mussten den Stollen umgehend verlassen.

Auch wenn wir im Alltag der Atmung wenig Aufmerksamkeit schenken: Ohne Sauerstoff ist unser Gehirn nach 5 Minuten irreparabel geschädigt, nach 10 Minuten sind wir klinisch tot.

Zum Vergleich und um die Wichtigkeit der Atmung zu illustrieren: Wir Menschen überleben:

- mit Sauerstoff und Nahrung, aber ohne Wasser zwei bis vier Tage,
- mit Sauerstoff und Wasser, jedoch ohne Nahrung zwei bis vier Wochen.

Ohne Sauerstoff sterben wir innert Minuten.

Sauerstoff ist somit unsere wichtigste Nahrung überhaupt. Sie sichert das Überleben. Interessant ist, dass unsere Atemorgane gleichzeitig auch die Verdauung von Wasser und Nahrung anregen. Beim Einatmen dehnen sich die Lungenflügel aus und bewegen dabei Magen und Darm. Die Atmung hilft somit der Peristaltik.

Das Sprichwort: „Nach dem Essen sollst du ruhen oder tausend Schritte tun" sollte eigentlich ergänzt werden: Nach dem Essen sollst du 10 Minuten lang bewusst tief aus- und einatmen.

Kennst du MMS (Master Mineral Solution), CDL (Chlordioxidlösung) (engl. CDS)? Einer der ersten MMS-Befürworter ist Jim Humble. In seinem Buch berichtet er über Erfolge bei Aids, Alzheimer, Asthma, Autoimmunerkrankungen (um nur die ersten zu erwähnen).[10] Trotz Humbles Erfolgen ist Chlordioxid sehr umstritten und in vielen Ländern verboten. Fakt ist: Die besondere Wirkung von Chlordioxid besteht darin, Sauerstoff zu binden und in die Zellen einzuschleusen. Laienhaft ausgedrückt kann man sagen: CDL tut eigentlich nichts, ausser die Zellen, das Gewebe, die Organe mit Sauerstoff zu versorgen. Dadurch erhalten die Zellen die Kraft, Krankmacher loszuwerden. Anders gesagt: Durch die reichliche Sauerstoffversorgung wird der Weg zur Selbstheilung geebnet.

CDL dokumentiert damit eindrücklich die Wichtigkeit von Sauerstoff.

---

[10] Jim Humble, MMS: der Durchbruch, Mobiwelt Verlag, Potsdam 2008, ISBN 978-3-9810318-4-3

Einatmen und Ausatmen

Übrigens, was denkst du, was ist wichtiger bei der Atmung: Das Ein- oder das Ausatmen.

Einatmen antworten die meisten, doch das ist falsch. Wer nicht wirklich bewusst auf die Atmung achtet, d.h. die Lungen bewusst tief füllt, atmet relativ flach. Mit einer flachen Atmung wird rund ein halber Liter Luft bewegt. Das Lungenvolumen liegt aber bedeutend höher. Bei flacher Atmung bleibt immer ein Teil Luft, der nicht bewegt wird. Diese Luft wird stickig, abgestanden, sauer.

Eine tiefe Atmung beginnt somit immer mit einem tiefen Ausatmen. Leere deine Lungen so vollständig als möglich und dann atme – bei offenem Fenster - genussvoll, tief, tief ein. Fülle deinen Bauch, fülle deine Lenden, fülle deinen Brustkorb. Halte die Luft einen kleinen Augenblick an und atme dann wieder bewusst und vollständig aus. Nimm dir Zeit, atme.

> Ein tiefer, voller Atemzug beginnt mit vollständigem Ausatmen.

Die heutige Hosen-Mode trägt einen Gurt. Damit engen wir das Ausdehnen der Lungenflügel ein. Früher trug man Hosenträger. Das war für die Atmung, für das Ausdehnen der Lungenflügel und für die damit verbundene Peristaltik, rein anatomisch betrachtet, viel sinnvoller, viel gesünder. Wenn du also atmest: Lockere deinen Gürtel.

Im Kapitel Wasser habe ich geschrieben: Was auch immer weh tut: Trink Wasser! Hier nun ergänze ich es: Atme. Nimm dir Zeit: Atme in deinen Schmerz. Ausatmen und dann den Atem tief in den Schmerzpunkt einströmen lassen. Wiederhole das Atmen in den Schmerz. Trinke Wasser, wiederhole den Atemzug.

Sicher kennst du das wichtigste Medikament in der Ausrüstung des Notfallarztes. Ja, richtig, es ist Sauerstoff. Wie die Verletzung auch sein mag: Sauerstoff ist für den Verletzten oft lebensrettend.

Das Gehirn

Welches Organ benötigt am meisten Sauerstoff? Nun, ich schrieb es schon. Bei Atemstillstand leidet das Gehirn am meisten, es ist bereits nach kurzer Zeit ohne Sauerstoff irreparabel zerstört. Das Gehirn wiegt nur rund 1,2 Kilogramm, ist also verhältnismässig klein. Es verbraucht aber gut und gerne 20% aller Energie, und damit auch mindestens 20% der Sauerstoffzufuhr.

Gehirnjogging wurde lange Zeit propagiert, um das Gehirn aktiv zu halten, es vor Demenz und Alzheimer zu schützen. Neueste Forschungen zeigen, dass die Sauerstoffaufnahme im Gehirn durch Bewegung viel effektiver gefördert werden kann als durch Kreuzworträtsel lösen.[11] Sudoku und Kreuzworträtsel halten das Gedächtnis auf dem bestehenden Bestand: Durch solche Rätsel wird bestehendes Wissen abgerufen.

Um neue Gehirnzellen zu bilden, um das Gedächtnis wirklich aktiv zu halten, benötigt es mehr: Sauerstoff (Bewegung) und Neuheiten: Lerne eine neue Sprache. Wenn du Gartenfreund bist: Lerne neue Pflanzen, Schmetterlinge, Raupen. Wenn du Autofan bist: Lerne alles über neue Automodelle. Wenn du soziale Netzwerke liebst: Ein „Hallo,

---

[11] Ingo Froböse, Peter Grossmann: Ist es wahre Leidenschaft oder nur erhöhter Blutdruck? Bastei Lübbe GmbH, 2012. ISBN: 978-3—404-60679-5

wie geht es dir" genügt nicht: Lerne den Menschen als Menschen in seiner Vielfalt, seinem Denken, seinem Fühlen kennen.

Bewege dich. Spazieren, wandern, kleiner Sprint! Nein es geht nicht um Leistungssport. Es geht um Sauerstoff. Tiefe Atemzüge in deine Lungen, dein Gehirn, deine Organe, deine Muskeln.

> Lerne dein Leben lang, flute dein Gehirn.
> Bewege dich, flute deinen Organismus.
> Tiefe Atemzüge versorgen deine Organe mit Lebenskraft.

Ist Atmung nicht eigentlich wunderbar? Atemluft ist erfrischend, belebend, die Organe sättigend, das Leben sichernd – und es ist gratis. Einfach umsonst. Absolut fantastisch, nicht wahr?

Ernährungsregel Nr. 7: Atme, schöpfe Sauerstoff: Zusammenfassung

Ernährungsregel Nr. 7: Atme, schöpfe Sauerstoff!

Was wir im Alltag so selbstverständlich tun, atmen, sichert unser Überleben weit mehr als Wasser und Nahrung.

Schenke der Atmung im Alltag mehr Aufmerksamkeit. Tief ausatmen, die Lungen vollständig leeren und dann genussvoll tief einatmen: Bauch, Lenden, Brustkorb.

Geniesse dieses Lebens-Elixier, geniesse Sauerstoff-Vitalität. Sauerstoff ist erste und beste Gehirnnahrung, Organnahrung, Muskelnahrung.

Ernährungsregel Nr. 7: Atme, schöpfe Sauerstoff: Arbeitsblatt

Thema	Meine Entscheidung / Mein Handeln
Wie bewusst ist mir das Thema Atmen?	
Habe ich einen Atem-Kurs, eine Atem-Schulung besucht?	
Wie oft über Tag stehe ich auf, atme bewusst tief aus und fülle meine Lungen mit frischer Atemluft?	

Ernährungsregel Nr. 8: Iss Kanalreiniger!

Herzinfarkt

Herzinfarkt und Schlaganfall sind nach wie vor Todesursache Nr. 1. Mediziner und insbesondere die chemische Industrie behaupten, ein zu hoher Cholesterin-Spiegel sei die Ursache dafür. Diese Behauptung wurde nie durch Studien nachgewiesen, sie wurde einfach so in die Welt gesetzt. Erst aufwendige Recherchen haben diese Behauptung als Lügengebäude entlarvt. Die ganze Cholesterin-Geschichte, das Konstrukt aus LDL und HDL ist nichts weiter als eine geschickt aufgebaute Verkaufsstrategie der Cholesterin-Senker-Hersteller.[12]

Das Herzinfarktrisiko hängt immer noch an den alt bekannten Faktoren: Ungesunde Lebensweise (Bewegungsmangel), Rauchen, familiäre Disposition, falsche Fette und Öle, zu viel Stärke (und damit durch Arterienverkalkung).

Bewegungsmangel und Rauchen, ja, da musst du dich an der Nase nehmen.

Familiäre Disposition, das kann dein Organismus überwinden; spielend sogar. Vorausgesetzt, du isst Kanalreiniger.

Und Arterienverkalkung, dazu kommt es erst gar nicht, wenn du Kanalreiniger isst. Sie sind sogar so stark, dass sie bestehende Verkalkungen auflösen können.

Dazu gleich mehr.

---

[12] Bitte sieh dir den Film an: http://future.arte.tv/de/cholesterin?http%3A%2F%2Ffuture_arte_tv%2Fde%2Fcholesterin=
Oder auf **Youtube**: https://www.youtube.com/watch?v=xmE8-Pk2vRw

Cholesterin

Zuerst noch ein Wort zum Thema Cholesterin. Cholesterin ist eine ganz natürliche Substanz, die an vielen Stellen im Organismus eingelagert ist und viele nützliche Funktionen erfüllt. Die grösste Cholesterin-Dichte und damit auch Cholesterin-Menge haben wir im Gehirn. Man kann also sagen: Cholesterin sichert mir mein Gedächtnis und deshalb werde ich einen Teufel tun, dieses Cholesterin zu senken. Noch bin ich nicht gaga und ich versuche mir meine Gedankenkraft und meinen gesunden Menschenverstand so gut und so lange als irgend möglich zu erhalten.

Arteriosklerose

Nun zum Thema Arteriosklerose bzw. zu gesunden Arterien und Venen ganz generell. Wir Menschen sind eigentlich ein gigantisches Kanalsystem: Arterien, Venen, der ganze Verdauungs-Magen-Darm-Trakt-Schlauch, die Nervenbahnen: Leitungen, Rohre, Kanäle noch und noch. Es leuchtet ein, dass alle unsere Kanäle so sauber als irgend möglich sein sollten. Es leuchtet ein, dass sie alle aus möglichst geschmeidigem Protein-Gallert-Fett-Baumaterial bestehen sollten. Einerseits sollen sie nicht rinnen, sollen also eine gewisse Festigkeit haben. Andererseits sollen Sie möglichst geschmeidig sein und sich erweitern, wenn das Herz einen Schwall Blut hineinpumpt.

> Gesundheit setzt flexible, geschmeidige, saubere
> Adern und Venen voraus.

Bei Arteriosklerose sind sie das nicht mehr. Arteriosklerose bedeutet: Eine Plaque, eine Kalk-Fett-Schicht hat sich an der Arterien-Struktur festgesetzt und die Adern erstarren und zuschwellen lassen. Wird die Plaque-Schicht dicker, verringert sich der Rohrdurchmesser, das Blut kann nicht mehr ungehindert fliessen. Das Herz reagiert auf diese Situation an sich absolut genial, denn seine Aufgabe ist es, den Organismus mit Blut zu versorgen. Damit trotz Hindernis gleich viel Blut zu den Gefässen gelangt, erhöht das Herz den Druck. Erhöhter Druck bedeutet natürlich eine höhere Belastung für das ganze System und wird deshalb von den Ärzten gar nicht gerne gesehen. Sie geben Senker und erweitern die Arterien durch Stent Operationen.

Ja, so kann man es machen, aber im Grunde genommen ist das nicht zu Ende gedacht, denn das Problem der schwachen, starren Arterien und Plaque-Bildung ist damit ja keineswegs gelöst, nicht wahr? Wenn du in dieser Situation so weiter isst wie bisher, benötigst du in ein paar Jahren die nächste Stent Operation. Wenn dich nicht vorher der Schlag trifft oder du nicht an einem Herzinfarkt gestorben bist.

Geht es besser? Ja, natürlich.
Zunächst müssen wir klären, woher die «Verstopfung» kommt.
Ein grosser Teil davon ist Kalk und dessen Herkunft ist einfach: Unsere Nahrung ist voll davon, das Trinkwasser enthält viel Kalk. Jeder von uns isst jeden Tag eine Kalkmenge, die den Kalkbedarf (Calciumbedarf) erheblich übersteigt. Unsere normale Nahrung ist überreich an Calcium, und zwar auch ohne Milchprodukte.

Das Verrückte an dieser Situation ist: Wir essen genug bis viel zu viel Kalk, aber unser Organismus baut den Kalk nicht in die Knochen ein, nein, er entzieht den Knochen sogar Kalk und Knochendichte, dafür aber produziert er Plaques in den Arterien und lässt Gelenke versteifen

(Arthrose). Irgendetwas läuft da erheblich schief. Doch damit noch nicht genug. Wie reagiert der Arzt auf Osteoporose: Ja, richtig, er verschreibt Calcimagon. Also noch mehr Kalk. Bringt das was? Calcimagon enthält zusätzlich D3, was dem Organismus helfen soll, Knochen aufzubauen. Um Osteoporose richtig anzugehen, benötigt der Organismus – aus meiner Sicht – zusätzlich mindestens auch K2, Bor, Strontium und wohl auch Germanium. [13]

Vielleicht hilft Calcimagon dem Knochenaufbau, aber da ist ja noch ein zweites Thema: Arterienverkalkung. Den Osteoporose-Spezialisten kümmert das meist wenig, dein Organismus muss sich aber trotzdem damit auseinandersetzen. Deinem Organismus sind fachspezifische Ansichten einerlei. Er hat schlicht und ergreifend ein Kalkproblem, von dem mehrere Organsysteme betroffen sind und für das er dringend eine übergreifende Gesamtlösung benötigt.

> **Das Kalk-Calcium-Plaques-Problem ist vielschichtig und kann nur durch ganzheitliche Betrachtung gelöst werden.**

Nun denn: Um eine Lösung zu finden, müssen wir uns fragen, weshalb Einlagerungen in den Arterien möglich sind. Natürlicherweise sollten die Arterien flexibel sein. Wären sie das wirklich, könnte nichts anhaften, nichts einlagern, auch nicht Kalk. Wenn du Plaques hast, sind deine Arterien offensichtlich spröde. Also müssen wir die Ursache für die rauen Arterien suchen. Der Grund ist einfach und zwingend logisch: Du hast falsches Arterien-Baumaterial gegessen. Erinnerst du dich, aus

---

[13] Mehr zum Thema Bor findest du hier: http://www.wacher-geist.ch/borax-wie-es-auf-die-gesundheit-wirkt/

welchen Bausubstanzen Arterien aufgebaut werden? Ja, richtig: Protein und (gut verträgliches) Fett. So lange du zu wenig Protein und bei den Fettarten Omega 6 isst, sind nicht nur deine Gelenke von Fettsäure-Frass bedroht, sondern natürlich auch alle deine Arterien. Omega 6 frisst sich in die Struktur deiner Arterien, Kalk kann sich anlagern und du machst jeden Tag einen kleinen Schritt vorwärts in Richtung Herzinfarkt.

Also bitte, steh jetzt auf und entsorge alle deine Omega-6 Fette und Öle, und zwar ungeachtet, wie viel Werbung dafür gemacht wird. Beginne Omega 3 zu essen. Leinöl, Fisch, Fischöl, Algen. In grossen Mengen. Und bitte gib deinem Körper Zeit, deine angefressenen Arterien mit Omega 3 neu aufzubauen. Er tut es zuverlässig, aber er benötigt Zeit dafür.

> Erste Massnahme: Genügend Protein und sehr viel Omega 3.

Essig und Zitrone

Wie reinigst du Kalk im Bad, in der Küche? Ich verwende Essig- oder Zitronen-Reiniger. Diese Kalk-Löser kannst du auch für die Reinigung deiner Gelenke und Arterien nutzen. Jeden Morgen nüchtern ein Esslöffel Apfelessig schützt deine Arterien vor Einlagerungen. Das Budwig-Zitronen-Getränk hilft Kalk aufzulösen und abzutransportieren. Die Anleitung dazu findest du in Anhang 5.

> Zweite Massnahme: Apfelessig und Zitrone.

Kalküberschuss

Da Kalküberschuss in unserer Nahrung leider Fakt ist, hier nochmals: Was macht unser Organismus mit all dem Kalk in Wasser im Gemüse, in Früchten? Einbauen in die Knochen ist ja leider nicht, ganz im Gegenteil nimmt Osteoporose im Alter zu. Wo also geht dein Organismus mit all dem Kalk hin? Oh, dein Organismus ist sehr erfindungsreich, wenn es darum geht überflüssigen Schrott zu deponieren. Er legt ein Depot an, irgendwo. Du hast dann einfach eine Ausbuchtung, ein Lipom, einen harten Fett-Kalk-Knollen im Unterhaut-Gewebe; irgendwo. Nein, tut nicht weh und du kannst ihn auch etwas hin- und her schieben. Du kannst ihn operieren, aber solange dein Fett- und dein Kalkhaushalt nicht stimmen, macht dein Körper einfach den nächsten. Ein Knollen ist relativ harmlos, Einlagerungen an Gelenken (Arthrose), im Gewebe (Fibromyalgie), in den Organen (Gehirnverkalkung) sind es nicht.[14]

Hildegard von Bingen hat Rezepte überliefert, die helfen Kalk-Einlagerungen aufzulösen.[15] Diese Rezepte sind eine gute Möglichkeit bestehende Einlagerungen aufzulösen, aber wir suchen immer noch nach einer Möglichkeit, den Kalk-Haushalt ganz generell und definitiv in Ordnung zu bringen. Unser Organismus sollte doch eigentlich in der Lage sein, Kalk in die Knochen einzubauen und einen allfälligen Überschuss, anstatt einzulagern, zu entsorgen.
Die gute Nachricht ist: Genau das kann dein Organismus.

---

[14] Mehr zu diesem Thema in „Top 10 Gesundheit", Arnold H. Lanz, Tredition-Verlag, Hamburg.
[15] Anhang Nr. 5: Das hilft deinem Organismus Kalk aufzulösen.

Bor

Er benötigt allerdings Reaktionsstoffe. Reaktionsstoffe? Ja, wir sprechen hier von chemischen Vorgängen. Die notwendigen Reaktionsstoffe finden wir in den Mineralien und Spurenelementen: Du weisst schon, Dinge wie Zink, Selen, Vanadium, Kupfer, Eisen, Magnesium usw. Durch die heutigen Anbau- und Dünge-Methoden sind unsere Gemüse und Früchte zusehends arm und immer noch Mineralien-ärmer geworden. Das wichtigste Element für einen gut geregelten Kalkhaushalt fehlt seit nunmehr vielen Jahren so gut wie vollständig in unseren Böden: Bor.[16]

Wenn du unter Kalkeinlagerungen leidest, solltest du dir umgehend Bor beschaffen und es ständig in hoher Dosierung einnehmen.

> **Dritte Massnahme: Mineralien, allen voran Bor.**

In meinen Patientenanalysen bin ich immer wieder erschüttert festzustellen, wie denkbar wenig Mineralien und Spurenelemente vorhanden sind – selbst wenn der Patient sich gut und natürlich ernährt. Fakt ist leider in unserer heutigen Welt: Wir haben Gemüse und Früchte, die fantastisch aussehen – aber deren Vitalstoffgehalt sehr, sehr gering ist. Mehr zum Thema Vitalstoffe und Nahrungsergänzung findest du im Kapitel 10.[17]

---

[16] Mehr zu diesem Thema findest du im Buch „Jungbrunnen"; Arnold H. Lanz, Tradition-Verlag, Hamburg

[17] Das Plaques-, PAVK-, Fibromyalgie-, Gelenk- Problem habe ich im Buch «Arteriosklerose überwunden» ausführlich dargestellt. Da findest du weitere Massnahmen, um bestehende Plaques wirkungsvoll aufzulösen.

Ernährungsregel Nr. 8: Iss Kanalreiniger: Zusammenfassung

Regel Nr. 8: Iss Kanalreiniger!

Unser gesamter Organismus ist ein gigantisches Leitungs-, Röhren-, Kanalsystem. Alle diese Kanäle stets piekfein sauber zu halten, ist eine Herkulesaufgabe für unseren Organismus.

Zur ständigen Regeneration benötigt unser System genügend Protein und Omega 3 Fette, sowie die ganze Bandbreite an Vitalstoffen inkl. Phytamine.

Da unsere Ernährung und unser Wasser einen grossen Kalk-Überschuss enthalten, müssen wir unserem Körper helfen, das überschüssige Calcium zu neutralisieren und auszuscheiden. Wir kommen nicht darum herum Hilfsstoffe wie Bor, K2, Strontium regelmässig einzunehmen.

Ernährungsregel Nr. 8: Iss Kanalreiniger: Arbeitsblatt

Thema	Meine Entscheidung / Mein Handeln
Ist mir bewusst warum mein Körper Plaques, Arthrose, Arteriosklerose, Fibromyalgie bildet?	
Wie unterstütze ich ab sofort meinen Körper? Apfelessig? Budwig-Zitrone? Omega 3? Menge? Bor? Strontium? Germanium?	

Ernährungsregel Nr. 9: Iss Entzündungshemmer!

Entzündungen sind allgegenwärtig

Nach Verkalkung ist Entzündung der nächste grosse Krankmacher bzw. Krankheits-Hintergrund. Entzündungen sind allgegenwärtig und treten in unterschiedlichsten Formen auf. Vom einfachen Gelenkschmerz bis hin zur ausgewachsenen Lungenentzündung, von der latent chronischen Blasenentzündung bis zur dauerhaft versteckten Mittelohrenzündung, die laufend Zahnschmerzen oder Sinusitis produziert. Wie bei Kalk, können wir auch bei Entzündungen nicht immer jedem Entzündungs-Auslöser ausweichen. Die grosse Frage ist also: Wie können wir unseren Organismus so stützen, dass er mit all diesen Auslösern fertig wird?

Sehen wir uns die Entzündungsursachen an: Da gibt es eine ganze Reihe: Hektik, Stress, Arbeitsdruck, Ärger, Sorgen, Kummer, Ängste, Schlafmanko, zu viel oder zu wenig Sport, Viren, Bakterien, Pilze, Parasiten: Die Liste der Entzündungsauslöser ist ellenlang und wir sind nicht immer gefeit dagegen, zumal auch unsere Umwelt voll davon ist: Umweltverschmutzung, Handy-Strahlen und viele mehr.[18]

Oft werde ich gefragt: Was kann ich tun, damit ich trotzdem gesund bleiben kann? Nun, das Erste, was du tun kannst, ist bei deiner Ernährung möglichst konsequent all jene Nahrungsmittel zu meiden oder stark zu reduzieren, die Entzündungen verursachen.

---

[18] Anhang Nr. 4 enthält eine Liste aller unseren Organismus störenden Einflüsse.

> Als Erstes solltest du möglichst keine Nahrungsmittel essen,
> die Entzündungen fördern.

Diese Nahrungsmittel fördern Entzündungen:

- Glutenhaltige Getreide wie z.B. Weizen (somit Brot, Nudeln, Reis usw.)
- Zucker, Rohrzucker und Süssungsmittel
- Alkohol
- Alle Omega 6 überschüssigen Fette und Öle (siehe Anhang Nr. 2)
- Transfette, frittierte Nahrungsmittel
- Fertigprodukte wie z.B. Tiefkühlpizza, Frühstücksflocken, Margarine, Kaugummi usw.
- Milchprodukte wie Frischkäse, Milch, Früchtejoghurt
- Verarbeitete Fleischwaren (Würste)
- Soja

Das Vermeiden dieser Nahrungsmittel hat erste Priorität, doch sie reicht oft nicht aus. Was können wir noch tun? Nun, du kannst ganz bewusst Entzündungen vorbeugen oder abbauen, indem du deinen Alltag entsprechend gestaltest. Ja, ich weiss, in all dem Alltags-Druck fällt das nicht immer leicht. Aber es geht hier um dein Überleben, um das Rückgewinnen deiner Gesundheit, um deinen Schutz vor Krankheit. Oder in einem Wort: um deine Lebensqualität.

Als Zweites solltest du deine Lebensgewohnheiten überdenken.

Diese Massnahmen helfen Entzündungen abzubauen, zu lindern (Lebensgewohnheiten):

- Entspannung, Meditation, Ruhe-Pausen, die Seele baumeln lassen
- Möglichst regelmässiger Tagesablauf
- Möglichst regelmässige Essenszeiten
- Genügend und regelmässiger Schlaf
- Mässiger Sport an der frischen Luft (z.B. wandern, nicht joggen)
- Barfuss laufen
- Sonne bzw. Vitamin D tanken
- Soziale Kontakte mit Menschen, die wir gut mögen, die wir lieben

Und ja, natürlich, es gibt auch entzündungshemmende Nahrungsmittel. Leider ist es aber nicht so, dass du einfach eines davon essen kannst, und damit verschwinden alle Entzündungen. Wie so Vieles im Leben, ist Entzündung auch eine Mengen-Frage: Je mehr Entzündungs-Verursacher du hast, umso mehr Entzündungs-Hemmer benötigst du. Betrachte das Ganze wie ein Bankkonto: Du musst viel Entzündungs-Hemmer einzahlen, damit du alle die Entzündungs-Verursacher ausgleichen kannst.

Hier ist die Liste der entzündungshemmenden Nahrungsmittel:[19]

- Artgerechte, vollständige Mahlzeiten (Kapitel 1 und 2)
- Alle grünen Gemüse: Kohl, Grünkohl, Chinakohl, Brokkoli, Rosenkohl, Spinat usw.)
- Bio-Salat
- Grün-Kraft wie Chlorella, Spirulina, Alfalfa, Algen
- Omega 3: Leinöl, Fisch (Kapitel 5)
- Mineralien wie Magnesium, Kalium, Natrium usw.
- Spurenelemente wie Bor, Eisen, Kupfer, Zink, Selen, Vanadium, Molybdän usw.
- Heilpilze
- Wildkräuter, allen voran grüne wie z.B. Brennnessel, Löwenzahn, Giersch usw.
- Gewürze, insbesondere Ingwer, Kurkuma, Zimt

Den besten Effekt hast du, wenn du alle diese drei Massnahmen kombinierst.

1. Vermeide entzündungsfördernde Nahrungsmittel
2. Lebe ein möglichst regelmässiges, stressfreies Leben
3. Achte auf Ruhepausen und tiefen, gesunden Schlaf
4. Iss bewusst viel entzündungshemmende Nahrungsmittel

---

[19] Siehe auch: „Top 10 Gesundheit" sowie „Jungbrunnen" Arnold H. Lanz, Tredition Verlag, Hamburg

Ernährungsregel Nr. 9: Iss Entzündungs-Hemmer: Zusammenfassung

Ernährungsregel Nr. 9: Iss Entzündungs-Hemmer!

Entzündungen sind eine der häufigsten Krankheits-Ursachen. Hinter beinahe jeder Krankheit steht eine Entzündung.

Dein Organismus kann diese Krankheitsursache so lange nicht überwinden und ausheilen, als die Entzündung besteht und du sie durch falsche Nahrungsmittel oder Lebensführung am Leben haltest.

Deshalb:
Gleichgültig, wie deine Krankheit auch heissen mag: Saniere deinen Entzündungshaushalt! Kombiniere die vier Elemente:
- Vermeide, ersetze entzündungs-fördernde Nahrungsmittel.
- Lebe regelmässig, in Ruhe und Kraft
- Achte auf tiefen, gesunden Schlaf
- Geniesse Entzündungs-Hemmer, Grün-Kraft.

Ernährungsregel Nr. 9: Iss Entzündungs-Hemmer: Arbeitsblatt

Thema	Meine Entscheidung / Mein Handeln
Sind mir meine Entzündungs-Ursachen bewusst? Nahrungsmittel? Lebensgewohnheiten?	
Nach meiner Schätzung, wie hoch ist meine Entzündungs-Rate?	
Wie helfe ich meinem Organismus Entzündungen los zu werden?	

Ernährungsregel Nr. 10: Iss Vitalstoffe!

Vitalstoff-Depots sind überlebenswichtig

Geräte, seien es Telefone, Wasserpumpen, Autos werden in Montage-Strassen hergestellt. Die wichtigste Voraussetzung, damit ein Telefon, eine Pumpe, ein Auto entstehen kann, ist die Anlieferung von Bestandteilen. Karosserieteile, Scheinwerfer, Motorbestandteile, Türen, Inneneinrichtung usw: All das muss bereitliegen, damit es in das entstehende Auto eingebaut werden kann.

In deinem Organismus ist das nicht anders: Vitamin A muss an die Augen angeliefert werden und hier in einem Vorrat vorhanden sein, damit es dann eingesetzt werden kann, wenn du deine Augen anstrengst. Die Anlieferung erfolgt in aller Regel über das Blut. Eine Blutanalyse beim Arzt zeigt also, ob da Vitamin A unterwegs zu den Augen ist. Sie zeigt aber nicht, ob im Depot ein Vorrat vorhanden ist oder nicht. Doch dieser eine Punkt ist entscheidend für die kontinuierliche, reibungslose Tätigkeit deiner Augen.

In meinen Patientenanalysen kontrolliere ich den Depotwert aller wichtigen Vitamine, Mineralien und Spurenelemente und ich bin immer wieder erstaunt, wie erschreckend tief oder sogar fehlend diese Depotwerte sind. Dabei entscheiden gerade sie darüber, ob du gesund bleibst oder nicht. Nehmen wir als Beispiel die Situation Arbeitsweg. Dir gegenüber sitzt wieder einmal jemand, der deutlich erkältet ist. Die Nase rinnt, er hustet dich an; du kriegst die ganze Ladung Viren und Bakterien. Dein Immunsystem hat jetzt alle Hände voll zu tun und es benötigt Wagenladungen an Vitamin C. Sofern das Depot nicht prall gefüllt ist, liegst du am nächsten Tag mit einer Erkältung im Bett.

> Deine Vitalstoff Depotwerte entscheiden darüber,
> ob du gesund bleibst oder nicht.

Organe sind nie faul oder böswillig

Ich war von Kindheit an ein kränkliches Kind. Jeder kleinste Windstoss warf mich um. Bevor mir die Zusammenhänge Vitalstoffe und Vitalstoff-Depots klar wurden, war ich oft wütend auf meine Organe und mein Immunsystem. „Warum zum Kuckuck schützt es mich nicht?" fluchte ich innerlich vor mich hin. „Warum tut es nichts?"

Nun, wie hätte es gekonnt, so ganz ohne Hilfsmittel? Wenn die Türen am Auto-Fliessband fehlen, dann wird das Auto einfach nicht fertig. Da kann der Chef brüllen, so lange er will, das hilft gar nichts.

Erst viel später wurde mir klar: Ich tat meinem Immunsystem Unrecht. Es konnte einfach nicht. All unsere Organe sind in aller Regel willig und hilfsbereit und stets da.

> Organe sind nie böswillig oder fahrlässig oder träge.
> Sie sind in aller Regel hilfsbereit, effizient und sehr zuverlässig.

Die Verantwortung liegt allein bei Dir

Ob deine Organe ihre Aufgabe richtig erfüllen können, darüber entscheidest du. Du bist vernunftbegabt, du kannst deinen Organen helfen, du kannst deine Depotwerte auffüllen.

Wie? Primär durch deine Ernährung natürlich. Nur leider, das sahen wir ja, reicht diese Ernährung bei weitem nicht mehr aus. Selbst, wenn du dir viel Mühe gibst; durch die Industrialisierung ist sie degeneriert; du benötigst auf alle Fälle Nahrungsergänzung.

> Unsere Nahrung ist stark degeneriert,
> vitalstoff-arm oder sogar vitalstoff-los.

Nahrungsmittelexperten versuchen zu beschwichtigen und betonen immer wieder, Vitamine als Nahrungsergänzung seien nicht notwendig. Ja, würde ich an deren Stelle auch tun. Etwas Anderes zu sagen, würde ja bedeuten zuzugeben, dass die Nahrungsmittel, die sie verkaufen, mangelhaft sind.

Übrigens widersprechen sich die Nahrungshersteller auch selbst. Warum bieten sie „vitaminisierte", „angereicherte" Produkte an, wenn doch die Lebensmittel angeblich so vollständig sind?

Wem kannst du in Bezug auf die Vitamin-Frage glauben? Mir oder den Ernährungs-Experten?

Nun, sieh dir Statistiken an. Sind die Menschen in den letzten Jahren gesünder geworden? Nein, leider, ganz im Gegenteil: Die Zahl der Diabetes-, Demenz-, Herz-Kreislauf-, Rheuma-, Alzheimer- Kranken hat in den letzten 30 Jahren massiv zugenommen. Und vor allem hat sich Krebs ausgebreitet wie ein Geschwür. Und ein Ende oder auch nur eine

Verbesserung ist weit und breit nicht in Sicht. Warum steigen die Krankheitskosten von Jahr zu Jahr? Weil die Anzahl der Krankenbehandlungen von Jahr zu Jahr zunimmt.

Nahrungsergänzung

Wenn du also gegen den Krankheits-Trend schwimmen möchtest, dann habe ich dir hier die Lösung: Nimm Nahrungsergänzung. Nein, bitte, keine synthetisch hergestellten Produkte, die erkennt dein Organismus kaum, die kann er nicht wirklich nutzen. Im schlimmsten Fall muss er sie mühsam entsorgen. Das ist kontraproduktiv oder sogar gefährlich.

Aber Vitamine, Mineralien und Spurenelemente auf der Basis von Früchten, Gemüse, Wildbeeren, Algen, Heilkräutern, Heilpilzen usw., die benötigst du unbedingt. Und zwar in rauen Mengen. Die sind auch in keiner Weise gefährlich, denn du isst Früchte, Gemüse, Gräser, Pilze, Beeren, Wildkräuter, Heilkräuter usw. also nur Dinge, die dein Organismus kennt und problemlos verarbeiten kann.[20]

Diese Art von Nahrungsergänzung ist in Europa wenig bekannt und kaum erhältlich, in den USA überbieten sich die Hersteller: Die einen haben ein Produkt basierend auf 12 natürlichen Substanzen, die Nächsten haben 30, die übernächsten 50 usw.

---

[20] Mehr zum Thema Nahrungsergänzung findest du in meinen Büchern „Top 10 Gesundheit" sowie „Jungbrunnen". Tredition Verlag, Hamburg.

Ernährungsregel Nr. 10: Nutze Vitalstoffe: Zusammenfassung

Ernährungsregel Nr. 10: Nutze Vitalstoffe!

Gesunde, leistungsfähige Organe benötigen Vitamine, Mineralien, Spurenelemente, sekundäre Pflanzenwirkstoffe - in rauen Mengen.

Schmerzfreiheit, Gesundheit und Vitalität bis ins höchste Alter ist problemlos möglich. Deine Organe funktionieren so lange problemlos, wie du sie reinigst, pflegst und ihnen genügend natürliche Vitalstoffe gibst.

Ernährungsregel Nr. 10: Nutze Vitalstoffe: Arbeitsblatt

Thema	Meine Entscheidung / Mein Handeln
Wie stehts du zu Nahrungsergänzung?	
Was denkst du, wie gut sind deine Vitamin-Depots, deine Mineralien-Depots gefüllt?	
Was denkst du, wie viel Vitamine und Mineralien verbraucht dein (Immun-) System jeden Tag? Wie viel solltest du nachfüllen?	
Was ist dein Plan für deine Gesundheit, für deine Zukunft?	

Ernährungsregel Nr. 11: Vermeide Krank- und Dickmacher!

Krankheitspotenzial der nicht artgerechten Nahrung

Meine Ratgeber enthalten zehn Regeln, doch die Ernährung ist so wichtig, dass ich hier einen elften Punkt anfüge. Ich liste auf, welche Krankheiten bei nicht artgerechter Ernährung drohen und welche Nahrungsmittel zu Übergewicht führen.

Ja, ich weiss, damit wage ich mich auf Glatteis, denn offiziell ist nicht nachgewiesen, dass Ernährung krank macht oder krank machen kann. Der direkte Zusammenhang zwischen Nahrungsmittel und Krankheit wird negiert.

Nun ja, würde ich auch nicht zugeben, wenn ich Nahrungsmittel produzieren oder verkaufen würde. Vor allem nicht, wenn ich die Nahrungsmittel produzieren würde, an denen ich Geld verdiene.

Sieh es so:

An einem Apfel verdient der Bauer wenig, der Transport etwas und der Händler wiederum wenig, weil er ja mit allen anderen Apfel-Anbietern in Konkurrenz steht. Kommt dazu, dass Äpfel die blöde Angewohnheit haben zu faulen. Der frische Apfel ist somit für niemanden ein wirklich gutes Geschäft. Das verbessert sich, wenn man Äpfel zu Apfelmus verarbeitet, und es verbessert sich noch viel mehr, wenn man Äpfel teilweise oder ganz weglässt und statt dessen Aromen und Geschmacksverstärker einsetzt, sie vitaminisiert und sie als „gesunde", „Immunsystem-stärkende" Apfeldragees verkauft. Dafür lohnt sich dann auch Werbung.

Misstraue jedem „Nahrungsmittel",
für das viel Werbung gemacht wird.

An sich ist jedem Kind klar, dass zwischen Nahrung und Gesundheit ein direkter Zusammenhang besteht. Wer hat sich als Kind nicht auch den Magen verdorben, sei es durch Schokolade oder Zucker was auch immer. Wer hat als Erwachsener nicht auch die Erfahrung gemacht, dass der Fisch verdorben war und man heftig erbrechen musste?

Ja, unsere Alltagsnahrung löst selten so krasse Reaktionen aus. Aber, ich sage es hier nochmals: Alles, was du in deinen Mund steckst, muss dein System verarbeiten. Ob es das will oder nicht: Deine Organe haben keine Wahl.

Die allermeisten Krankheiten entwickeln sich langsam, aber steter Tropfen höhlt den Stein. Krebs entsteht durch eine winzig kleine Unregelmässigkeit, ein Nichts. Aber wenn immer weitere kleine Winzigkeiten dazukommen, wächst das Ganze zu einer Zyste. Auch das ist noch nicht gefährlich, denn der Organismus hat es ja schön abgekapselt und hält es unter Kontrolle. Oft über Jahre. Doch wenn die Winzigkeiten nicht abreissen, dann kann es passieren, dass die Zyste „lebendig" wird, und dein Arzt konfrontiert dich mit der Hiobsbotschaft: Krebs.

Der Krug geht zum Brunnen, bis er bricht.

Nichts trifft die Krankheitsentstehung besser als dieses Sprichwort: Der Krug geht zum Brunnen, bis er bricht.

Ich zeige hier, welche Nahrungsmittel zu Krankheiten führen. Ich tue dies nicht, um dir Angst zu machen, sondern um dich anzuspornen, diese Krankmacher zu vermeiden und zu ersetzen. Natürlich kann man über die Menge streiten. Fakt ist leider, dass unser Organismus Zucker, Fruchtsaft usw. nur in kleinsten Mengen verträgt.

Nahrungsmittel und Krankheitsrisiko (1)

Nahrungsmittel	Vorkommen	Krankheitsrisiko	Zu ersetzen durch
Zucker	Süssgetränke Patisserie Schokolade Ketchup Yoghurt usw.	Fettleber, Übersäuerung, Rheuma, Arthritis, Polyarthritis, Fibromyalgie, MS usw.	Stevia Erythrit / Birkenzucker / Buchenzucker
Fruchtsäfte	Orangensaft Grapefruitsaft Apfelsaft usw.	Übersäuerung, Rheuma, Arthritis, Polyarthritis, Fibromyalgie, MS	Reines, natürliches Wasser
Cerealien	Cornflakes	Magen-Darm-probleme Leaky Gut Krebs	Gemüse Früchte

Nahrungsmittel und Krankheitsrisiko (2)

Nahrungsmittel	Vorkommen	Krankheitsrisiko	Zu ersetzen durch
Stärkehaltige Kohlenhydrate wie z.B. Weizen Reis Amaranth Quinoa Haferflocken usw.	Brot Teigwaren Risotto Polenta Kartoffeln Süsskartoffeln	Diabetes, der ganze rheumatische Formenkreis, Krebs	Frisches Gemüse Frische Früchte Frische Beeren
Soja	Tofu Sojamilch	Hormonelle Probleme Krebs	Gemüse, Früchte
Omega 6 überschüssige Fette und Öle	Oliven-, Raps-, Sonnenblumen-, Distel- usw. Öl	Alle Entzündungskrankheiten, allen voran Rheuma, Arthritis	Leinöl Kokosfett Butter Bratbutter Ghee

Übergewicht

Vielleicht ahnst du es schon, aber es ist eigentlich nichts als logisch, dass genau die gleichen Nahrungsmittel auch zu Übergewicht führen. Wenn du etwas in deinen Mund steckst, das deine Systeme nicht verarbeiten können, ja, was passiert dann? Ich sagte es schon: Du hast Durchfall oder dein Körper legt ein Depot an. Kotsteine im Dickdarm, Bauchring, Schwabbel-Po, Zyste im Unterleib, verstopfte Venen, Gehirnverkalkung; leider kannst du nicht wählen. Es passiert einfach. Still und unheimlich – und all deine Abmagerungs-Kuren, all dein Sport bringen kaum etwas. Wie könnten sie auch: Du hast es ja gegessen, also ist es da.

Nein, nicht jedermann ist von allen Dickmachern gleichermassen betroffen. Und nein, nicht jedermann nimmt an den gleichen Stellen zu: Aber Weissmehl-Produkte führen fast immer zu einer Weizen-Wampe und Koffein macht unförmig dick: Oberarme, Schwabbel-Po, Cellulitis.

Die hauptsächlichsten Dickmacher sind:

Roh verzehrte Gemüse, die die Funktion der Schilddrüse unterdrücken

Kohlarten wie Blumenkohl, Rosenkohl, Rot-, Weisskohl, Chinakohl, Wirsing, Rettich, Meerrettich, Radieschen, Sojabohnen, Tofu, Brokkoli, Brunnenkressen, Erdnüsse, gelbe Kohlrüben

Diese rohen Gemüse machen alle Menschen dick, sie sollten nie roh verzehrt werden, sondern immer nur gekocht.

Raffinierte Kohlenhydrate (Stärke)

Die Liste ist lang:

- Zucker, Süssigkeiten, Süssspeisen, Bonbons, Eiscreme
- Brot insbesondere Weissbrot, Nudeln, Teigwaren, Mehl, Backwaren, Plätzchen, Kuchen, Brötchen, Gipfel
- Alkohol, Bier, Wein, Limonade, Obstsäfte

Wie dick Stärke macht, hängt von deiner persönlichen Stärke-Verträglichkeit ab. Sie ist von Mensch zu Mensch unterschiedlich, schwankt aber in einer relativ kleinen Bandbriete. Mehr als 20 bis 30 % Stärke-Anteil verträgt kaum jemand. Sind Leber- und Pankreas bereits stark belastet (Fettleber), tendiert die Verträglichkeit zu Null.

Milchprodukte:

Milch, Butter, Sahne, Käse, Quark, Früchte-Joghurt: alle Milchprodukte.

Milchprodukte werden unterschiedlich gut verdaut. Etwa ein Viertel der Menschen verträgt Milchprodukte, allerdings in begrenzter Menge: Milchprodukte sollten maximal in einer Mahlzeit pro Tag konsumiert werden.

Etwa ein weiteres Viertel aller Menschen verträgt Milchprodukte, allerdings nur die ganz fettarmen.

Leider vertragen viele Menschen Milchprodukte überhaupt nicht, sie können sie kaum verdauen und führen unweigerlich zu Übergewicht. Leider zu sehr unschönen Formen: Schwabbel-Oberarme, dicke Oberschenkel, viel Cellulitis, Schwabbel-Po.

Koffein

Kaffee, Schwarztee, Grüntee, Matetee, Colagetränke, Energydrinks, Guaranaextrakt, Schlankheitsmittel mit Koffein usw.

Kaum jemand verträgt Koffein wirklich; Koffein wirkt immer wie eine Peitsche für den Organismus. Wer mag schon ausgepeitscht werden? Viele meiner Patienten haben mit der Menge Koffein experimentiert und fanden heraus, dass ein bis maximal zwei Tassen Kaffee gerade noch verträglich sind. Am besten schwarz als Espresso. Ohne Zucker natürlich.

Rotes Fleisch

Wild-, Rind-, Hammel-, Lamm-, Kaninchen-, Kalbfleisch führen bei etwa einem Viertel aller Menschen zu Übergewicht. Sie sollten sich auf Hühnchen und Truten beschränken. Interessanterweise vertragen diese Menschen auch Schweins-Filet. Mit anderen Worten: Sie vertragen Fleischsorten, die keinen Fettanteil im Fleischgewebe enthalten.

Scharfe Gewürze

Curry, Pfeffer usw. führen bei etwa einem Viertel aller Menschen zu Übergewicht. Davon sind mehrheitlich Frauen betroffen. Die weibliche Figur wird dabei extrem überbetont: extrem breite Hüfte, dicker Po, dicke Oberschenkel, kurze Arme, auffallend kleine Hände, kurze Fingerchen.

Deine persönliche Go- oder No-Go Liste kannst du mit einer Metabolic-Typing Analyse jederzeit feststellen lassen.

Ernährungsregel Nr. 11: Vermeide Krank- und Dickmacher: Zusammenfassung

---

Ernährungsregel Nr. 11: Vermeide Krank- und Dickmacher!

Junk Food, nicht artgerechte Nahrungsmittel führen mittel- bis langfristig immer zu Krankheiten und Übergewicht.

Gleichgültig, wie deine Krankheit auch heissen mag: Ändere deine Ernährung. Unterstütze deinen Organismus mit individuell artgerechter Nahrung, so kann er Krankheitsursachen abbauen. Gesunde Nahrung und Vitamine, Mineralien, Spurenelemente unterstützen deine Systeme darin, die Krankheit zu überwinden, Übergewicht abzubauen. Richtig und vollständig und nachhaltig abbaue und nicht bloss verdrängen.

Ja, ich weiss Ernährung umstellen ist eine Aufgabe. Aber sie lohnt sich. Garantiert.

Ernährungsregel Nr. 11: Vermeide Krank- und Dickmacher: Arbeitsblatt

Thema	Meine Entscheidung / Mein Handeln
Liste auf, was dich krank macht	
Liste auf was dich dick macht	
Entscheide was du ab sofort weglässt, ersetzt	

Vom gleichen Autor ist erschienen:

TOP 10 GESUNDHEIT

Nach demnächst 30 Jahren Gesundheitspraxis stelle ich fest, dass Krankheiten problemlos vermeidbar wären, würden einige grundsätzliche Regeln beachtet. Mein gesammeltes Wissen habe ich in 10 prägnanten, kurzen Regeln dargestellt – sie sind ein wahrer Jungbrunnen für jeden, der sie beachtet.

Mir persönlich haben sie vor rund 30 Jahren aus meinem Burnout herausgeholfen, meinen Prostata-Krebs geheilt, mich vor Herzinfarkt bewahrt, Hämorrhoiden, Tinnitus, Migräne, Sinusitis verschwinden lassen. In den letzten 30 Jahren haben diese Regeln Hunderten, wenn nicht Tausenden von Patienten geholfen, ihre Gesundheitsprobleme zu überwinden.

Wie auch immer dein Leiden heisst: Hier ist der Schlüssel zu Gesundheit, Vitalität, Wohlbefinden!

Das verspreche ich dir. Arnold H. Lanz, kant. appr. Heilpraktiker

Buchhandel / Tredition Verlag Hamburg:

Paperback   ISBN:978-3-7469-6546-8
Hardcover   ISBN 978-3-7469-6547-5
eBook   ISBH 978-3-7469-6548-2
Bestell-Link   https://t1p.de/kx87

Vom gleichen Autor ist erschienen:

Endlich entschlüsselt: das Jungbrunnen-Geheimnis

Der Traum vom Jungbrunnen ist wohl so alt wie die Menschheit. Auf der einen Seite des Brunnens steigt man - mühselig, ungelenkig, alt, verschrumpelt - hinein. Man taucht kurz unter um dann auf der anderen Seite des Brunnens wieder herauszusteigen: mit jugendlichen Elan, voller Spannkraft, Vitalität und Lebensfreude. Natürlich auch völlig schmerz- und sorgenfrei.

Utopie?

Nein, keineswegs.

Es gibt viele Expertenstimmen, die uns erklären, dass unser menschlicher Organismus auf eine Lebensdauer von 100 bis 120 Jahre ausgelegt ist. Und das bei voller jugendlicher Spannkraft. Ohne Rheuma, Arthritis, Fibromyalgie, Diabetes, Herz-Kreislaufprobleme, Krampfadern, Tinnitus, Heuschnupfen, Krebs usw.

Zwar ist die durchschnittliche Lebenserwartung in der Vergangenheit gestiegen, aber von 100 bis 120 Jahren sind wir noch weit entfernt.

Und von jugendlicher Spannkraft, Vitalität und Schmerzfreiheit noch viel, viel weiter. Die Alters-Realität ist vielmehr erschreckend: Unbeweglichkeit, Gebrechlichkeit, unsägliche Qualen und Schmerzen, Gedächtnisverlust, Diabetes, Krebs.

Müssen all diese Alters-Probleme und –Leiden sein? Muss Krankheit sein? Nein!

Ist jugendliche Spannkraft, ist physische und psychische Vitalität bis zum Todestag möglich? Ja!

Ich zeige dir hier den Schlüssel hin zu deiner persönlichen Jugendlichkeit.

Buchhandel / Tredition Verlag Hamburg:

Paperback   ISBN:978-3-7482-2952-0
Hardcover   ISBN 978-3-7482-2953-7
eBook   ISBH 978-3-7482-2954-4
Bestell-Link   https://t1p.de/f44x

Vom gleichen Autor ist erschienen:

TOP 10 Liebe

Alles kann man lernen: Rechnen, Schreiben, Mathematik, Physik, Naturheilkunde, Religion, Sprachen, Autofahren, Computer, Internet - was auch immer; es gibt genügend Angebote. Nur auf eine Sache werden wir nicht vorbereitet – auf die Liebe. Die Meisten von uns erleben die Liebe wie eine riesige Woge, eine Wucht und eine Macht, die alles mit sich reisst. Glücksgefühle überwältigen uns. Leider ist auch das Gegenteil der Fall: Nichts kann uns so verletzen, nichts ruiniert unsere Gesundheit so nachhaltig wie Liebeskummer.

Doch selbst im grössten Katzenjammer verbleibt die tief verwurzelte Sehnsucht nach Liebe.

Als Heilpraktiker zeige ich dir in 10 einfachen Regeln, wie du eine erfüllende und stabile Beziehung aufbauen und halten kannst. Ich zeige dir, wie du negative Erfahrungen verarbeiten und in neue überschwängliche Glücksgefühle verwandeln kannst.

Buchhandel / Tredition Verlag Hamburg:
Paperback   ISBN:978-3-7482-4338-0
Hardcover   ISBN 978-3-7482-4339-7
eBook   ISBH 978-3-7482-4340-3
Bestell-Link: https://t1p.de/iusa

Vom gleichen Autor ist erschienen:

Sex Ü60

Seien wir ehrlich: Sex ist und bleibt die schönste Sache der Welt. Leider bietet das aktive Erleben, das Umsetzen von Sex fast in jedem Lebensalter Probleme: In der Jugend ist man zu unerfahren, um es wirklich geniessen zu können, in den Berufsjahren ist man so unter Stress und Druck, dass dieses Schöne oft genug zu kurz kommt. Stellen sich Kinder ein, wird Sex zu etwas, das man möglichst heimlich, lautlos und rasch tut. Sind die Kinder ausgezogen und auch die Wechseljahre vorbei, stehen endlich alle Zeichen für ein lustvolles Sexleben auf grün.

Dumm ist bloss, dass man in all den Jahren älter geworden ist. Die jugendliche Gelenkigkeit ist vermindert, man ist aus der Übung und die Libido deutlich reduziert. Sich in Laune bringen ist Anstrengung, die schmerzfreie Stellung finden ist nicht einfach und das ganze Geschehen eher mühsam. Der Mann steht kaum mehr, der Lustkelch ist trocken: Anstatt Lust resultiert Schmerz und Frust. Kommen gravierende Krankheiten wie Prostatakrebs, Unterleibszysten, Brustkrebs dazu, wird es echt schwierig.

Die grosse Frage ist also: Wie kann ich im Alter 60+ Sex so richtig lustvoll geniessen?

Ich zeige dir hier, wie du Libido und Potenz zurückgewinnst. Wie du Sex im Alter 60+ erleben, geniessen, auskosten kannst. Gleichgültig wie alt du heute bist: Hier ist dein Weg hin zu Libido, Potenz, Erotik!

Buchhandel / Tradition Verlag Hamburg:
Paperback   ISBN: 978-3-7482-9568-6
Hardcover   ISBN 978-3-7482-95969-3
eBook   ISBH 978-3-7482- 9570-9
Bestell-Link https://t1p.de/527x

Vom gleichen Autor ist erschienen:

Humor ist, wenn man lacht

„Humor" ist eine Sammlung von Kurzgeschichten: humorvoll, feinsinnig, anregend, spielerisch. Lanz liebt phantasievolle Wortspiele. Sein Humor kennt die ganze Bandbreite: von einfach über verspielt, zu knochentrocken oder satirisch und tiefernstnachdenklich.

Lanz will einfach nur unterhalten – dir ein Lächeln oder Schmunzeln auf dein Gesicht zaubern und dir Momente schenken, in denen du alles um dich herum vergessen kannst. Momente der Entspannung und Freude.

„Humor ist, wenn man lacht" ist eingeteilt in Kapital:

- phantasievolle Geschichten, die über Alltäglichkeiten schmunzeln,
- Parodien verschiedener Lebensbereiche, die unweigerlich zum Lächeln anregen,
- satirisch humorvoll verpackte medizinische Ratschläge,
- kurze Anekdoten, die humorvoll verpackte Weisheiten auf den Punkt bringen,
- Geschichten, die zum Schmunzeln und Nachdenken anregen.

Buchhandel / Tredition Verlag Hamburg:
Paperback ISBN 978-3-7482-1849-4
Hardcover ISBN 978-3-7482-1850-0
eBook ISBH 978-3-7482-1851-7
Bestell-Link https://t1p.de/f6h7

Vom gleichen Autor ist erschienen:

Top 12 Gesundheit

Möchtest du gesund werden? Ich meine wirklich gesund, beschwerdefrei, gelenkig, fit, aktiv? Möchtest du auch chronische, «unheilbare» Krankheiten überwinden?

Vor rund 5 Jahren habe ich 10 erprobte Gesundheits-Regeln publiziert – Tausende haben sie mit Begeisterung umgesetzt.

Ich habe sie jetzt ergänzt durch meine neuesten Erfahrungen als Heilpraktiker: Hier ist er, der neue Ratgeber: 12 griffige Anleitungen, wie du dich aus Schmerz, Angst, Krankheit, Leiden befreist – ein für alle Mal.

Gesundheit, Vitalität, Wohlbefinden, Lebensfreude: Das kannst auch du erreichen und bewahren.

Bitte glaube mir, ich werde demnächst 80 jährig und verdanke diesen Regeln mein Leben. Auch in diesem Alter arbeite ich nach wie vor begeistert als Heilpraktiker.

Lieferbar im Tredition Verlag und im Buchhandel:
ISBN
Paperback: 978-3-347-96543-0
Hardcover: 978-3-347-96544-7
e-Book: 978-3-347-96545-4

Vom gleichen Autor ist erschienen:

Arteriosklerose überwunden!

So überwindest du Plaques, Verkalkung, PAVK, Herzinfarkt, Arthritis, Arthrose, MS, Demenz, Abnützung, Cholesterin…...

Leidest du unter Plaques, Gelenkschmerzen, Durchblutungs-Problemen, MS, Verkalkungs-Erscheinungen?

Arteriosklerotische Störungen zeigen sich in sehr unterschiedlichen Symptomen, von Herzbeschwerden über MS zu kalten Zehen: Deine Adern, Venen, Nervenbahnen sind belastet, unflexibel, spröde. Ja, mit Stent-, Ballon-, Gelenk-Operationen kann die Gefahr vorerst abgewendet werden, aber deine Blutgefässe, Nervenbahnen, Gelenke werden dadurch nicht besser. Es ist oft nur eine Frage der Zeit, bis die nächste Operation fällig wird.

Ich zeige dir, wie du dein Herz-Kreislaufsystem nachhaltig stärken kannst, wie du Verkalkungen los wirst und neue vermeidest, wie du deinen Organismus stärkst, damit er auch unheilbare Krankheiten (wie z.B. MS, Demenz, PAVK usw.) nachhaltig überwinden kann.

Das hier vorgestellte Regenerations-Programm ist leichtverständlich und in der Praxis erprobt.

Lieferbar im Buchhandel und im Tredition Verlag Hamburg:
Softcover   978-3-384-00647-9copy
Hardcover   978-3-384-00648-6copy
E-Book   978-3-384-00649-3

Vom gleichen Autor ist erschienen:

Nimm dein Unterbewusstes an die Hand …
.. und führe es zu Gesundheit, Energie und Lebensfreude

Das Unterbewusste ist die am meisten unterschätzte Hilfe und Kraft zur Bewältigung des alltäglichen Lebens.

Richtig verstanden und genutzt ist die Psyche ein unermüdliches Stehaufmännchen, ein Freund und Helfer, der durch Dick und Dünn hilft, der Krisen meistert, Tiefschläge verdaut und stets als strahlender Sieger hervorgeht.

Dieses Arbeitsbuch hilft Dir, deine psychische und mentale Stärke auszuloten und aufzubauen.

14 leicht umsetzbare Psycho-Trainings stärken deine psychische und mentale Kraft, Energie und Lebensfreude.

205 Seiten leicht verständliche Hintergrundinformation und Trainings-Anleitungen.

Tredition Verlag / Buchhandel

ISBN

Paperback	978-3-347-90745-428.03.202301.04.2023
Hardcover	978-3-347-90748-528.03.202301.04.2023
e-Book	978-3-347-90755-328.03.202301.04.2023
Grossschrift	978-3-347-90761-428.03.202301-04.2023

Vom gleichen Autor ist erschienen:

Zähne!

Versteckte Krankheitsherde aufspüren und überwinden. .

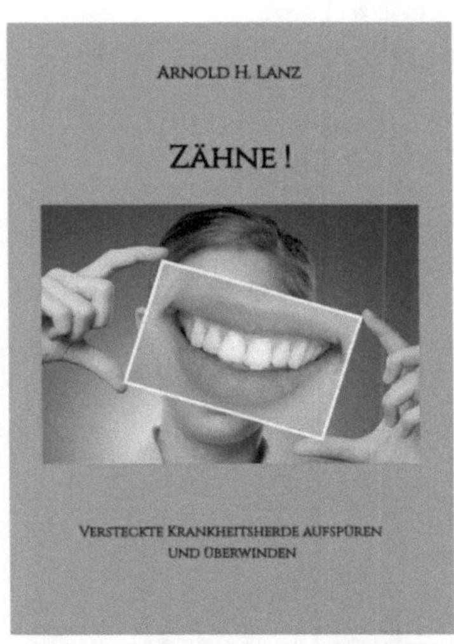

Obwohl die Zähne so klein sind, sind die Schmerzen, die sie bereiten können, unbeschreiblich heftig. Man rennt unweigerlich zum Zahnarzt und, da Zahnbehandlung schmerzhaft und teuer ist, macht man meist nur gerade das, was dringend notwendig ist. Danach möchte man das Thema Zähne und Zahnpflege so rasch als möglich vergessen. Leider vergessen die Zahn-Bakterien nicht. Werden die Herde nicht gründlich saniert, wüten die Krankheitserreger weiter. Ihr Schaden beschränkt sich nicht auf die Zähne. Sie sind an vielen Zivilisations-Krankheiten zumindest mitbeteiligt: Diabetes, Herz-Kreislaufprobleme, chronische Entzündungs-Krankheiten und etliche mehr.

Du kannst dir viele Schmerzen, Probleme, Krankheiten (bis hin zu Herzinfarkt) ersparen, wenn du das Thema Zähne und Zahnpflege gründlich angehst. Hier findest du gut recherchierte Hintergrundinformationen vom Heilpraktiker sowie seine fundierten Tipps zum Sanieren und Gesunderhalten deiner Zähne. So gewinnst du den Krieg gegen die verheerend wirkenden Zahn-Bakterien.

Lieferbar im Buchhandel und im Tredition Verlag Hamburg:
Softcover   978-3-347-92853-4
Hardcover   978-3-347-92854-1
E-Book   978-3-384-92855-8

Vom gleichen Autor ist erschienen:

Mr. X, Mr. Gesundheit und Regeneration

Mr X, entdecke die phantastische Gesundheits- und Regenrationskraft.

Kennst du deinen Mr. X? Ich meine jenen Gesundheits-Grossmeister, der alle Krankheiten (wirklich ALLE Krankheiten) überwinden, auskurieren und heilen kann? Jener Guru, der dich zuverlässig vor Krankheiten schützt? Nein?

Hast du gewusst, dass du diesen Mr. X in dir trägst? Dass jeder einzelne Mensch von Geburt an mit einem Mr. X ausgestattet ist und dass also niemand krank sein oder bleiben muss?

Ich stelle in diesem Buch ausgewählte Fälle aus einer Praxis als Heilpraktiker vor. Patienten, die unterschiedlichste Krankheiten – auch sogenannt unheilbare Krankheiten – vollständig und nachhaltig überwunden haben.

ISBN:

Paperback	978-347-20360-0
Hardcover	978-347-20361-7
e-Book	978-347-20362-4

Vom gleichen Autor ist erschienen:

Endlich entschlüsselt: das Jungbrunnen-Geheimnis

Der Traum vom Jungbrunnen ist wohl so alt wie die Menschheit. Auf der einen Seite des Brunnens steigt man - mühselig, ungelenkig, alt, verschrumpelt - hinein. Man taucht kurz unter um dann auf der anderen Seite des Brunnens wieder herauszusteigen: mit jugendlichen Elan, voller Spannkraft, Vitalität und Lebensfreude. Natürlich auch völlig schmerz- und sorgenfrei.

Utopie? Nein, keineswegs.

Es gibt viele Expertenstimmen, die uns erklären, dass unser menschlicher Organismus auf eine Lebensdauer von 100 bis 120 Jahre ausgelegt ist. Und das bei voller jugendlicher Spannkraft. Ohne Rheuma, Arthritis, Fibromyalgie, Diabetes, Herz-Kreislaufprobleme, Krampfadern, Tinnitus, Heuschnupfen, Krebs usw.

Zwar ist die durchschnittliche Lebenserwartung in der Vergangenheit gestiegen, aber von 100 bis 120 Jahren sind wir noch weit entfernt.

Und von jugendlicher Spannkraft, Vitalität und Schmerzfreiheit noch viel, viel weiter. Die Alters-Realität ist vielmehr erschreckend: Unbeweglichkeit, Gebrechlichkeit, unsägliche Qualen und Schmerzen, Gedächtnisverlust, Diabetes, Krebs.

Müssen all diese Alters-Probleme und –Leiden sein? Muss Krankheit sein? Nein!

Ist jugendliche Spannkraft, ist physische und psychische Vitalität bis zum Todestag möglich? Ja!

Ich zeige dir hier den Schlüssel hin zu deiner persönlichen Jugendlichkeit.

Buchhandel / Tredition Verlag Hamburg:
Paperback ISBN:978-3-7482-2952-0
Hardcover   ISBN 978-3-7482-2953-7
eBook   ISBH 978-3-7482-2954-4
Bestell-Link   https://t1p.de/f44x

Vom gleichen Autor ist erschienen:

TOP 10 Liebe

Alles kann man lernen: Rechnen, Schreiben, Mathematik, Physik, Naturheilkunde, Religion, Sprachen, Autofahren, Computer, Internet - was auch immer; es gibt genügend Angebote. Nur auf eine Sache werden wir nicht vorbereitet – auf die Liebe. Die Meisten von uns erleben die Liebe wie eine riesige Woge, eine Wucht und eine Macht, die alles mit sich reisst. Glücksgefühle überwältigen uns. Leider ist auch das Gegenteil der Fall: Nichts kann uns so verletzen, nichts ruiniert unsere Gesundheit so nachhaltig wie Liebeskummer.

Doch selbst im grössten Katzenjammer verbleibt die tief verwurzelte Sehnsucht nach Liebe.

Als Heilpraktiker zeige ich dir in 10 einfachen Regeln, wie du eine erfüllende und stabile Beziehung aufbauen und halten kannst. Ich zeige dir, wie du negative Erfahrungen verarbeiten und in neue überschwängliche Glücksgefühle verwandeln kannst.

Buchhandel / Tredition Verlag Hamburg:
Paperback   ISBN:978-3-7482-4338-0
Hardcover   ISBN 978-3-7482-4339-7
eBook   ISBH 978-3-7482-4340-3
Bestell-Link: https://t1p.de/iusa

Vom gleichen Autor ist erschienen:

Sex Ü60

Seien wir ehrlich: Sex ist und bleibt die schönste Sache der Welt. Leider bietet das aktive Erleben, das Umsetzen von Sex fast in jedem Lebensalter Probleme: In der Jugend ist man zu unerfahren, um es wirklich geniessen zu können, in den Berufsjahren ist man so unter Stress und Druck, dass dieses Schöne oft genug zu kurz kommt. Stellen sich Kinder ein, wird Sex zu etwas, das man möglichst heimlich, lautlos und rasch tut. Sind die Kinder ausgezogen und auch die Wechseljahre vorbei, stehen endlich alle Zeichen für ein lustvolles Sexleben auf grün. Dumm ist bloss, dass man in all den Jahren älter geworden ist. Die jugendliche Gelenkigkeit ist vermindert, man ist aus der Übung und die Libido deutlich reduziert. Sich in Laune bringen ist Anstrengung, die schmerzfreie Stellung finden ist nicht einfach und das ganze Geschehen eher mühsam. Der Mann steht kaum mehr, der Lustkelch ist trocken: Anstatt Lust resultiert Schmerz und Frust. Kommen gravierende Krankheiten wie Prostatakrebs, Unterleibszysten, Brustkrebs dazu, wird es echt schwierig.

Die grosse Frage ist also: Wie kann ich im Alter 60+ Sex so richtig lustvoll geniessen?
Ich zeige dir hier, wie du Libido und Potenz zurückgewinnst. Wie du Sex im Alter 60+ erleben, geniessen, auskosten kannst. Gleichgültig wie alt du heute bist: Hier ist dein Weg hin zu Libido, Potenz, Erotik!

Buchhandel / Tredition Verlag Hamburg:
Paperback   ISBN: 978-3-7482-9568-6
Hardcover ISBN 978-3-7482-95969-3
eBook   ISBH 978-3-7482- 9570-9
Bestell-Link   https://t1p.de/527x

Vom gleichen Autor ist erschienen:

Humor ist, wenn man lacht

„Humor" ist eine Sammlung von Kurzgeschichten: humorvoll, feinsinnig, anregend, spielerisch. Lanz liebt phantasievolle Wortspiele. Sein Humor kennt die ganze Bandbreite: von einfach über verspielt, zu knochentrocken oder satirisch und tiefernstnachdenklich.

Lanz will einfach nur unterhalten – dir ein Lächeln oder Schmunzeln auf dein Gesicht zaubern und dir Momente schenken, in denen du alles um dich herum vergessen kannst. Momente der Entspannung und Freude.

„Humor ist, wenn man lacht" ist eingeteilt in Kapital:

- phantasievolle Geschichten, die über Alltäglichkeiten schmunzeln,
- Parodien verschiedener Lebensbereiche, die unweigerlich zum Lächeln anregen,
- satirisch humorvoll verpackte medizinische Ratschläge,
- kurze Anekdoten, die humorvoll verpackte Weisheiten auf den Punkt bringen,
- Geschichten, die zum Schmunzeln und Nachdenken anregen.

Buchhandel / Tredition Verlag Hamburg:
Paperback   ISBN 978-3-7482-1849-4
Hardcover   ISBN 978-3-7482-1850-0
eBook   ISBH 978-3-7482-1851-7
Bestell-Link   https://t1p.de/f6h7

Vom gleichen Autor ist erschienen:

Fitness und Entspannung mit den Fünf „Tibetern"

Wenn Sie mitten im Leben stehen und nur wenig Zeit haben, aber dennoch aktiv etwas fürs körperliche und geistige Wohlbefinden tun möchten, werden Ihnen die Fünf „Tibeter" neue Impulse geben. Nicht einmal 15 Minuten am Tag sind notwendig, um eine robuste Gesundheit, einen klaren Verstand, gute Nerven und seelische Ausgeglichenheit zu erreichen.

Die leicht erlernbaren Übungen lassen sich an individuelle Bedürfnisse anpassen und bieten höchste Effizienz bei minimalem Trainingsaufwand.

Arnold Lanz beschreibt die Bewegungsabläufe präzise und leichtverständlich, so dass das Umsetzen im Nu gelingt.

ISBN 978-3-502-25016-6

Anhänge

Nr.	Inhalt
1	Stärke- Zucker-Gehalt
2	Omega 3, Omega 6
3	Das Säure-Basen-Gleichgewicht
4	Umweltbelastungen
5	Rezepte bei Kalk-Einlagerungen

Anhang 1: Stärke- / Zucker-Gehalt (glykämischer Index)

Zucker-Gehalt Annäherungswerte. Der Gehalt hängt von Saatgut, Klima, Anbaugebiet und Aufbereitungsmethode ab. Ich habe die Werte aus unterschiedlichen Quellen zusammengetragen.

Getreide	
Bratkartoffeln	95
Pommes Frites	95
Kartoffelpüreepulver	95
Reis (Oncle Bens, Vialone….)	85-95
Chips	85
Weissbrot	75-85
Cornflakes, Popcorn	85
Salzkartoffeln	70
Nudeln, Weissmehl	70
Mais (Sofortmais)	70 (85)
Frühstücks-, Getreideflocken	70
Ravioli	65
Griess, weiss	60
Vollkornbrot, -Nudeln	50-60
Basmatireis	50
Amarant, Dinkel	45
Haferflocken	40
Pumpernickel	40
Wildreis	35
Quinoa	35
Buchweizen	15-20
Genussmittel	
Maltose, Bier	110
Glukose, Zuckerlösung	100
Schnaps, Liköre	60-95
Wein	60-85
Honig	85
Coca Cola, Limonade	70
Kekse	70
Energy Drinks	60-75
Schokoladenriegel	70

Sand-Gebäck	55-65
Eiscreme	40-50
Schokolade über 70% Kakao	35
Gemüse	
Gekochte Karotten	85
Kürbis	70
Rüben	65
Erbsen aus der Dose	55
Erbsen frisch	40
Bohnen rot	40
Linsen	30
Kichererbsen	30
Karotten roh	30
Gemüse frisch	05-15
Früchte	
Fruchtsaft aufbereitet	70-85
Wassermelone	75
Rosinen, Datteln	65
Konfitüre, gezuckert	65
Früchte-Joghurt	65
Banane, sehr reif	60
Fruchtsaft ohne Zucker	40-55
Feigen, getrocknete Aprikosen	35
Früchte, frisch (andere)	30
Fruktose	20-30
Aprikosen, frisch	15
Milchprodukte	
Früchte- Aroma-Yoghurt	55-65
Milchdrinks	45-65
Milchprodukte ohne Zucker	30

Anhang 2: Annährungswerte Omega 3 : 6

Öle / Fett	Anteil Omega 3	Anteil Omega 6
Omega 3 überschüssige Fette/Öle		
Leinöl	56	15
Leinsamen	17	4
Chia Samen / Öl	3	1
Omega 3:6 neutrale Fette/Öle		
Butter	2	2
Rahm	2	2
Bratbutter	1	1
Kokosfett, Bio-Qualität	1	2
Omega 6 überschüssige Fette/Öle		
Avocado, Oliven	0	2
Rapsöl	9	26 - 55
Baumnuss, Walnuss	7	34
Olivenöl und Hanföl	1	8 -15
Weizenkeimöl	8	57
Nüsse, ausser Baumnuss	1	7 - 35
Margarine	1	18 - 35
Kürbiskernöl	1	54 - 100
Sonnenblumenöl	1	66 - 140
Distelöl	1	78 - 130
Nachtkerzenöl	1	80 - 100

Die Tabelle zeigt es auf einen Blick: Leinöl ist das mit Abstand Omega 3 reichste Öl. Flachs / Lein wurde seit jeher verwendet, Lein ist eine menschlich-artgerechte, einheimische Pflanze.

Anhang 3: Das Säure-Basen Gleichgewicht

Unser Organismus tut alles, um ein ausgewogenes Säure-Basen Verhältnis zu erhalten und zu bewahren. Leider ist das in unserer Zivilisation nicht einfach. Viel zu viele Einflüsse stören das Gleichgewicht. In unserem Alltag überwiegt die Säure eindeutig, so dass Säure-Base ein Thema ist, das ein Leben lang zu beachten ist.

Die meisten Menschen haben zu viel Säure, weil

- unsere ganze Umwelt sauer ist,
- wir viel Hektik, Nervosität, Aufregung, Stress, Sorgen um uns herum haben,
- wir Handy-, WLan-, Computer-, Photovoltaik- usw. Strahlen ausgesetzt sind. Strahlen, deren Auswirkungen heute nicht restlos geklärt sind,[21]
- wir meist mehr sauer wirkende Nahrungsmittel essen als basische, [22]
- viele Menschen keine Ahnung haben, was echte Säure-Bomben sind,[23]
- wir Säure im Alltag kaum bemerken. Der Organismus scheidet sie aus dem Blut aus, lagert sie im Gewebe ein und versucht sie zu

---

[21] Immer wieder liest man von Walen, die ohne ersichtlichen Grund gegen den Strand schwimmen und kläglich verenden. Man vermutet, dass der Schiffsfunk, dass Strahlen, den Orientierungssinn der Wale stört. Welche negativen Auswirkungen unsere strahlenverseuchte Welt auf uns Menschen hat, ist heute nicht wirklich bekannt.

[22] Eine gute Übersicht über sauer bzw. basisch wirkende Nahrungsmittel: https://www.zentrum-der-gesundheit.de/saure-und-basische-lebensmittel.html

[23] Amerikanische Fachinstitute wie z.B. Nutrition & Healing stufen Weissbrot (=Weizen =Stärke) plus Fruchtsäfte (=Zucker) als die zwei gefährlichsten Nahrungsmittel weltweit ein.

kontrollieren. Das gelingt weitgehend, bis – ja, bis das Glas einfach überläuft,

- es schulmedizinisch keine einfache Methode zur Bestimmung von im Körper, im Gewebe, in den Gelenken eingelagerter Säure gibt. Säure bleibt so oft über lange Zeit unbemerkt,
- die Wirksamkeit von Entsäuerungs-Kuren kaum jemand kontrolliert, kontrollieren kann,
- die Qualität all der Basen-Mittel (Salze, Kuren, Kräuter usw.) kaum jemand beurteilen kann.

Entsäuern ist eine Daueraufgabe.

Dem deutschen Arzt Hufeland[24] wird folgendes Basen-Rezept zugeschrieben:

0,2 Liter Wasser erhitzen. Zwei mittelgrosse Kartoffeln mit einer feinen Reibe in das kochende Wasser reiben. Einige Minuten köcheln (überwellen). Den Sud essen.

In der Humoralmedizin wird Kü-Ka-Lei-Wa empfohlen:
- 1 Liter Wasser aufkochen
- 1 EL Kümmel (-Gewürz), beigeben
- 500 gr Kartoffeln gut waschen, nicht schälen, beifügen
- 2 EL Leinsamen, nicht geschrotet, beigeben
- Das Ganze 20 Minuten köcheln lassen, die Kartoffeln richtig zerkochen, sie zerstossen
- Abkühlen lassen und danach abseihen
- Den ganzen Liter über den Tag trinken

---

[24] Christoph Wilhelm Hufeland, deutscher Arzt, königlicher Leibarzt, 12.08.1976 – 25.08.1836. Er wird als Begründer der Makrobiotik gesehen.

Basen-Pulver

Für viele Menschen ist die Einnahme eines Basen-Pulvers einfacher. Davon gibt es viele auf dem Markt. Neben Mineralien enthalten einige auch Kräuter oder fein geriebene Halbedelsteine. Auch mineralhaltige Heilerde ist auf dem Markt zu finden.

Grundsätzlich gilt: Je mehr unterschiedliche Mineralien in dem Pulver sind, umso besser wirkt es: Mindestens Magnesium, Selen und Zink sollten enthalten sein, vorzugsweise auch Kalium.

Basen-Bäder

Nimm reines, klassisches Meersalz oder ein spezielles Basen-Pulver für Vollbäder oder Fussbäder: Dauer 30 Minuten.

Besteht eine Übersäuerung (Rheuma, Gicht, Gelenkschmerzen) über längere Zeit, ist es sinnvoll, Basenpulver/Basen-Bäder mit Hufeland oder Kü-Ka-Lei-Wa zu kombinieren.

Anhang 4: Umweltbelastungen, die zu Krankheiten führen können

Unsere Umwelt ist voll von krankmachenden Stoffen *

Chemikalien, denen wir ausgesetzt sind:
- Umweltverschmutzung, Industriestaub
- Zigaretten-, Pfeifen-, Zigarrenrauch
- Auto-, Bus-, Lastwagen-, Flugzeugabgase
- Farben, Lösungsmittel, Klebstoffe: Wohnungs-, Büro-Möbel: For- maldehyd, Toluene, Benzene
- Pflegeprodukte: Kosmetika, Haarspray, Shampoo
- Gemüse, Früchte, Beeren: Pestizide, Herbizide, Fungizide und chemische Düngemittel

Schwermetalle, denen wir ausgesetzt sind:
- Tabakrauch: Nickel, Blei, Cadmium, Arsen
- Kochgeschirr: Edelstahl, Nickel, Aluminium (und vereinzelt Zinn)
- Schmuck: (Billigschmuck) Nickel (auch Gold und Silber sind keine körpereigenen Metalle)
- Hydrierte Fette und Öle: Nickel
- Verfeinerte Nahrungsmittel: Nickel
- Zähne: Kronen: Amalgam, Quecksilber (Porzellan-Füllungen: Ni- ckel)
- Brunnen-Wasser: Blei, Cadmium, Aluminium

Elektromagnetische Felder, denen wir ausgesetzt sind:
- Flugzeuge
- Röntgenstrahlen
- Sonne in den hohen Bergen
- Atomstrom-Anlagen
- LAN, WLAN
- Bluetooth

- Schnurloses Telefon
- Solaranlagen

ELF (low frequency) Magnetfelder, denen wir ausgesetzt sind:
- Mikrowellen-Öfen
- Handy, Smart-Phones
- Elektrische Wärmekissen
- Quarz-Uhren
- Elektrische, elektronische Wecker
- Kupfer-Matratzen,
- Wasser - Betten mit Heizung
- Fernsehgeräte
- Lampen, Sparlampen
- Computer, Notebooks, selbst wenn diese abgestellt sind
- Rauchmelder

Nahrungsmittel, die wir essen:
- Hormone und Antibiotika in der Tiermast
- Pestizide, Fungizide, Herbizide in Getreide, Gemüse, Früchten, Salat
- Haltbarmachende Stoffe, Konservierungsmittel in Lebensmitteln
- Toxische Fette, Transfette
- Zucker und zuckerhaltige Nahrungsmittel
- Coffein, coffeinhaltige Lebensmittel
- verarbeitete und verfeinerte Lebensmittel
- Alkohol
- Medikamente

Kunstfasern, synthetische Stoffe, Klebstoffe
in Möbeln, Teppichen, Vorhängen, Tapeten, Kleidern
bearbeitete Stoffe wie z.B. knitterfreie Baumwolle

Materialien wie Kleider, Bettwäsche, Nahrungsmittel, die speziell behandelt wurden, z.B. mit
antiparasitären, antibakteriellen, antimykotischen Mitteln

*Diese Aufzählung, diese Beispiele stammen aus dem Buch:"The complete Cancer Cleanse" von M.S. Cherie Calbom. Thomas Nelson Verlag, ISBN 978-0-7852-8863-3

Anhang 5: Rezepte bei Kalkeinlagerungen

Apfelessig
Wer Apfelessig ursprünglich empfohlen hat, ist kaum mehr festzustellen. Wissenschaftliche Studien zur Anwendung und Wirkung sind wohl nicht vorhanden, dafür finden sich viele begeisterte Berichte. Apfelessig

- hilft bei Arterienverkalkung,
- hilft bei Diabetes (insbesondere zum Vermeiden der Diabetes-Spätfolgen),
- senkt den Cholesterinspiegel,
- reguliert die Verdauung,
- wirkt sättigend, senkt Heisshunger,
- senkt den Blutzuckerspiegel,
- macht basisch, reguliert das Säure-Basen-Gleichgewicht,
- wirkt gegen Pilze und Bakterien.

Es gibt weitere Stimmen, die sagen, Apfelessig
- helfe abzunehmen,
- gebe eine schöne, straffe Haut,
- pflege den Haarboden, gebe schöne Haare,
- sei ein gutes Warzenmittel.

Anwendung:
Apfelessig ist denkbar einfach in der Anwendung: **1 EL auf 100 ml Wasser, nüchtern vor dem Essen.**
Bitte nur reinen, nicht pasteurisierten, naturtrüben Apfelessig aus <u>Bio-Äpfeln</u> verwenden.

Zitronen-Getränk nach Dr. Johanna Budwig

So bereitest du das Getränk zu:

- 1 Liter destilliertes oder abgekochtes Wasser
- den Saft von 3 Zitronen beifügen (auspressen),
- 1 daumendickes Stück Ingwer frisch raspeln, beifügen
- 3 TL Honig

Alles gut vermischen durch Umrühren.

Das Getränk einen Tag bei einer Temperatur von 15-25°C aufbewahren. Dadurch wird eine leichte Mazeration erreicht. Trink den ganzen Liter am Folgetag glasweise über den Tag verteilt. Am 2. Tag den Liter für den 3. Tag ansetzen, am 3.Tag für den 4 usw. Immer eine Woche Zitronen-Getränk, dann eine Woche Pause, dann erneut eine Woche Getränk usw.

Dieses Rezept ist von Dr. Johanna Budwig überliefert und zwar als Vitalisierungsgetränk. Sie schreibt dazu:

Das Vitalisierungsgetränk stärkt die Effizienz der Verdauungsorgane. Giftablagerungen im Darm werden ausgeschieden, die innere Darmvergiftung durch behinderten Stuhlgang wird eliminiert. Vermieden werden Verstopfung, Blähungen, Rumoren, Verdauungsschwäche, harte Stuhlgänge und Hämorrhoiden.

Die Zitronensaftkur hilft, die chemischen Gifte auszuscheiden, die sich von Parasiten, Pilzen, Hefebakterien und Darmbakterien eingenistet haben. Das Immunsystem wird dadurch gestärkt. Dadurch erhöhen sich automatisch unsere geistige Konzentration und unsere mentale Klarheit. Und es gibt eine sehr beliebte Nebenwirkung: Gewichtsabnahme!